2024

中国电子视像行业统计年鉴

STATISTICAL YEARBOOK OF
CHINA'S ELECTRONIC VIDEO INDUSTRY IN 2024

中国电子视像行业协会　编

电子工业出版社
Publishing House of Electronics Industry
北京·BEIJING

内 容 简 介

电子视像产业包括了消费电子、商用电子显示终端及其上下游供应链等，是制造业的重要组成部分，对于推动我国制造业高质量发展、进一步提升国家竞争力具有重要的作用。

中国电子视像行业协会积极推动行业发展新质生产力、推进新型工业化、实现制造强国。本书从七个方面反映了2024年中国电子视像行业的发展情况和所取得的成就，书中收录并修正了2022—2024年的统计数据，较全面系统地展示了技术现状和市场运行的有关数据，主要为相关政府机关、企事业单位、科研院所等机构提供参考。

图书在版编目（CIP）数据

2024中国电子视像行业统计年鉴 ／ 中国电子视像行业协会编. —— 北京 ： 电子工业出版社，2025. 8.
ISBN 978-7-121-50943-8

Ⅰ．F426.67-54

中国国家版本馆CIP数据核字第2025QC4713号

责任编辑：米俊萍　　　　　　　　　　特约编辑：张启龙
印　　刷：北京捷迅佳彩印刷有限公司
装　　订：北京捷迅佳彩印刷有限公司
出版发行：电子工业出版社
　　　　　北京市海淀区万寿路173信箱　　邮编：100036
开　　本：720×1000　1/16　印张：11.5　　字数：153千字
版　　次：2025年8月第1版
印　　次：2025年8月第1次印刷
定　　价：128.00元

凡所购买电子工业出版社图书有缺损问题，请向购买书店调换。若书店售缺，请与本社发行部联系，联系及邮购电话：（010）88254888，88258888。
质量投诉请发邮件至zlts@phei.com.cn，盗版侵权举报请发邮件至dbqq@phei.com.cn。
本书咨询联系方式：mijp@phei.com.cn。

《中国电子视像行业统计年鉴2024》
编委会

《中国电子视像行业统计年鉴2024》
编辑工作人员

前　言

（1）本书全面、系统地介绍了中国电子视像行业的发展情况，主要指标着重反映了 2024 年中国电子视像行业各方面所取得的成就，也收录了 2022—2024 年的统计数据。

（2）本书内容分为 7 个部分，分别为中国电子信息制造业运行概况、中国电子视像行业运行概况、中国电子视像行业消费级终端运行概况、中国电子视像行业商用显示终端运行概况、中国电子视像行业半导体显示供应链运行概况、中国电子视像行业新型显示技术发展概况、中国电子视像行业人工智能技术融合发展概况。

（3）根据最新掌握的统计资料及国家新的统计信息管理制度的规定，本书对中国电子视像行业协会过去发表的一些重要统计资料重新予以核实，对部分历史数据进行了修订。因此，读者在使用历史资料时，凡与本书有出入的，均以本书为准。

（4）本书对部分数据由于单位取舍不同而产生的计算误差均未做调整。

（5）为便于读者使用，本书特编制了主要指标的定基指数、环比指数和年平均增长速度。

（6）本书使用的符号"—"表示数据为零或无该项数据。

（7）除特别说明外，本书提到的中国数据均不含港澳台地区的统计数据。

（8）本书使用的数据和信息来源于工业和信息化部的公开信息，以及洛图科技、奥维云网、奥维睿沃、群智咨询、中彩联等机构。

（9）本书若存在不足和错漏，希望读者不吝批评与指正，帮助我们改进，以更好地为广大读者服务。

目　　录

第 1 章
中国电子信息制造业运行概况

2024 年，我国电子信息制造业生产增长较快，出口持续回升，企业效益稳定，投资增势和区域分化明显，行业整体发展态势良好。2022—2024 年中国电子信息制造业数据汇总如表 1.1 所示。

表 1.1　2022—2024 年中国电子信息制造业数据汇总

分类	指标	2022 年	2023 年	2024 年
电子信息制造业	营业收入/亿元	154 487	151 068	161 936
	营业收入增速/%	+5.5	−1.5	+7.3
	利润总额/亿元	7 390	6 411	6 408
	利润总额增速/%	−13.1	−8.6	+3.4
	固定资产投资增速/%	+18.8	+9.3	+12.0
规模以上电子信息制造业增加值	工业增加值/%	+3.6	+4.6	+5.8
	电子信息制造业增加值/%	+7.6	+3.4	+11.8
规模以上电子信息制造业出口交货值	工业交货值增速/%	+5.5	−3.9	+5.1
	电子信息制造业交货值增速/%	+1.8	−6.3	+2.2

1．生产增长较快

2024 年，规模以上电子信息制造业增速同比增长 11.8%，增速分别比同期工业、高技术制造业提高 6.0 个和 2.9 个百分点。同年 12 月，规模以上电子信息制造业增加值同比增长 8.7%。

2024 年，在主要产品中，手机产量为 16.7 亿台，同比增长 7.8%，其中智能手机产量为 12.5 亿台，同比增长 8.2%；微型计算机设备产量为 3.4 亿台，同比增长 2.7%；集成电路产量为 4 514.0 亿块，同比增长 22.2%。

2．出口持续回升

2024 年，规模以上电子信息制造业出口交货值同比增长 2.2%，较 1—11 月提高 0.9 个百分点。[①]

海关统计显示，2024 年，我国出口笔记本计算机达到 1.43 亿台，同比增长 1.7%；出口手机达到 8.14 亿台，同比增长 1.5%；出口集成电路达到 2 981.00 亿块，同比增长 11.6%。

3．企业效益稳定

2024 年，规模以上电子信息制造业的营业收入约为 16.19 万亿元，同比增长 7.30%；营业成本为 14.11 万亿元，同比增长 7.50%；利润总额为 6 408.00 亿元，同比增长 3.40%；营业收入利润率为 4.00%，较 1—11 月提高 0.04 个百分点。2024 年 12 月，规模以上电子信息制造业营业收入为 1.74 万亿元，同比增长 8.40%。

4．投资增势明显

2024 年，电子信息制造业固定资产投资同比增长 12.0%，较 1—11 月下降 0.6 个百分点，比同期工业投资增速低 0.1 个百分点，比同期高技术制造业投资增速高 5.0 个百分点。

5．区域分化明显

2024 年，东部地区规模以上电子信息制造业实现营业收入 113 595.00

注：1.本章统计数据除注明外，其余均为国家统计局数据或据此测算。2.本章"电子信息制造业"与国民经济行业分类中的"计算机、通信和其他电子设备制造业"为同一口径。

亿元，同比增长 10.1%，较 1—11 月提高 0.2 个百分点；中部地区实现营业收入 26 949.00 亿元，同比增长 6.2%，较 1—11 月下降 0.5 个百分点；西部地区实现营业收入 20 494.00 亿元，同比下降 3.8%，较 1—11 月提高 0.6 个百分点；东北地区实现营业收入 897.80 亿元，同比下降 12.4%，较 1—11 月提高 1.3 个百分点。同年 12 月，东部地区实现营业收入 12 536.00 亿元，同比增长 11.2%，中部地区实现营业收入 2 756.00 亿元，同比增长 1.5%；西部地区实现营业收入 2 036.00 亿元，同比增长 2.0%；东北地区实现营业收入 99.60 亿元，同比下降 0.6%。

2024 年，京津冀地区规模以上电子信息制造业实现营业收入 8 878.00 亿元，同比增长 17.8%，较 1—11 月提高 0.6 个百分点，营业收入占全国比重为 5.5%；长三角地区实现营业收入 45 435.00 亿元，同比增长 8.0%，较 1—11 月提高 0.2 个百分点，营业收入占全国比重为 28.1%。

第 2 章
中国电子视像行业运行概况

2.1 2024 年中国电子视像行业运行概况

2024 年，中国电子视像行业整体保持快速发展，在技术创新、市场需求，以及政策支持的推动下，中国电子视像行业不断向更创新、更舒适、更低碳的方向前进。

从技术创新角度回顾 2024 年中国电子视像行业的发展变化，以 OLED（organic light emitting display，有机发光显示器）、Micro LED 为例，显示技术不断取得突破，在色彩还原度、亮度、对比度、刷新率等方面显著提升；在折叠屏、柔性屏等创新技术上实现了质的飞跃。创新技术应用于新产品，成为市场新的增长点。超高清技术正在加速应用和普及，在实现全面国产化的同时，也实现对高端显示技术的全面引领。

创新显示技术正加速实现应用落地，随着 Mini LED、Micro LED 技术逐渐成熟，这些技术正在成为高端显示制造商的主流选择，在智能电视、商用显示和车载显示领域得到广泛使用。OLED 在智能手机、可穿戴终端、折叠屏设备中的应用也在逐渐扩大。随着人们日常生活水平的提高，以及对高质量生活的向往，智能电视、智能投影仪等设备在智能家居生态中的重要性日益凸显。在商用显示领域，智慧场景的需求向智慧化、数字化转型。随着人工智能（AI）的加速普及和大数据应用的快速落地，教育、医疗、零售等领域的商用显示需求保持稳定增长。值得关注的是，2024 年是中国新能源汽车销量爆发式增长的关键年份。随着新能源汽车的普及，车载显示屏幕的需求数量不断增加，HUD（平视显示器）和曲面屏等技术得到广泛应用。

在创新显示技术应用方面，随着元宇宙概念的兴起，以及 AI 发展水平的提升，XR（扩展现实）设备、智能眼镜等创新显示智能硬件终端的需求也在增加，高分辨率、低延迟的显示方案成为行业下一阶段的重点发展方向。

2.2　2024 年中国电子视像行业大事记

2024 年 1 月行业大事记

1 月 10 日　京东方全国首条第 8.6 代 AMOLED（active matrix organic light emitting diode，有源矩阵有机发光二极管）面板生产线项目正式签约落地成都。该生产线是全国首条、全球第二条第 8.6 代 AMOLED 生产线，建设总投资额达到 630 亿元。该生产线预计在 2026 年第四季度实现量产。该生产线生产的产品主要定位中尺寸 AMOLED 面板，采用区别于第 6 代 AMOLED 面板生产技术的第 8.6 代 AMOLED 面板生产技术，主要应用于中高端笔记本计算机、平板计算机等 IT（信息技术）类产品。

1 月 15 日　国务院办公厅印发《关于发展银发经济增进老年人福祉的意见》，提出推动超过 1.4 亿台国产智能手机和智能电视进行适老化改造。其目的是帮助老年人打破"数字鸿沟"，让老年人实实在在地感受数字技术带来的生活便利、获得晚年幸福。同时，培育壮大智慧健康养老产业，解决针对老年人群体的数字化产品和服务的应用难题，加大社区助老惠老宣传力度，让数字生活丰富老年人群体生活。

1 月 16 日　华为公司以 10 亿元的注册资本成立了深圳引望智能技术有限公司。其经营范围包括智能车载设备制造、智能车载设备销售、汽车零部件研发、汽车零部件及配件制造、汽车零部件再制造、汽车零配件零售、汽车零配件批发、AI 行业应用系统集成服务等。深圳引望智能技术有限公司预计在 2025 年实现盈利，预估的盈利门槛是销售 100 万辆华为智能汽车。

1 月 23 日　国家广播电视总局联合工业和信息化部等有关部门单位，通报了治理电视"套娃"收费和操作复杂问题的情况和成效。截至 2023 年年底，有线电视和 IPTV（互联网电视）开机广告全面取消，有线电视和 IPTV 开机时长从治理前的最多 118 秒减少至不超过 35 秒。

1 月 25 日　TCL 华星与联想创新显示联合实验室在 TCL 华星武汉基地顺利揭牌、签约。TCL 华星将继续与联想在 OLED 柔性显示、折叠显示等前沿技术领域共同研发全球先锋显示技术，拓宽显示行业边界。

1 月 30 日　国内首个音视频多媒体大模型万兴"天幕"正式发布。万兴科技发布湖南首个通过算法备案、国内首个音视频多媒体大模型万兴"天幕"。"天幕"聚焦数字创意垂直创作场景，以音视频生成式人工智能（GAI）技术为基础，支持全球不同语言，引领音视频创作闭环解决方案。"天幕"的相关能力已在海外规模化商用。

1 月 31 日　维信诺全球首发中尺寸 20～640 Hz 宽频 LTPS（低温多晶硅）技术。维信诺继率先推出适用于小尺寸的低频 LTPS 低功耗解决方案后，在技术和应用上实现双突破。该技术支持中尺寸 AMOLED 屏幕在 20～640 Hz 超大区间范围的宽频驱动。

2024 年 2 月行业大事记

2 月 5 日　季华实验室宣布其新型显示技术研究团队成功研制 200 mm×

200 mm OLED 喷墨打印成套装备，实现 7 英寸 137 像素基板全彩打印点亮、5 英寸 254 像素、300 像素基板打印及 UV（紫外线）测试，标志着我国自主装备首次实现了 300 PPI 的高分辨率打印，性能达到国际先进水平。

2 月 18 日　小米首个自有大规模智能工厂在北京投产，预计年产高端手机超千万台。该工厂位于北京昌平区，占地面积约 1.91×10^5 m²，总投资额达到 121 亿元，小米手机智能工厂第一期投入 24 亿元。该工厂的生产工作将由智能机器人自主完成，实现 24 小时运转，高端手机的日均产量为 3 万台。

2 月 23 日　中国首部文生视频 AI 系列动画片《千秋诗颂》启播暨央视人工智能工作室揭牌。文生视频是 AIGC 的重要分支，传媒影视是该技术的主要应用行业。AIGC 的不断发展是文生视频加速向影视传媒行业应用的关键。

2 月 26 日　宇树科技完成了 B2 轮融资，融资金额近 10 亿元。本轮投资方包括美团、金石投资等公司。宇树科技推出的面向行业应用的 4 足机器人 B2，拥有卓越的负载能力和极致的稳定性。

2024 年 3 月行业大事记

3 月 1 日　手机代工巨头龙旗科技正式上市。龙旗科技正式登陆上交所主板，募集资金总额达到 15.6 亿元，将投向惠州和南昌基地的智能硬件制造、上海研发中心升级建设等项目。

3 月 4 日　消费级 AR（增强现实）品牌雷鸟创新宣布完成新一轮亿元级融资。本轮融资将用于新一代消费级 AR 眼镜的技术研发、量产和市场普及，并推动 AI＋AR 眼镜生态建设。新一代 AR 眼镜采用全彩 Micro

LED 光引擎，该引擎在成像质量、光学效率等方面的性能明显提升，体积大幅缩小。新一代 AR 眼镜采用的全彩 Micro LED 光引擎为全球最小的全彩 Micro LED 光引擎。

3 月 15 日　海信发布电视行业最强中文大模型，开启电视 AI 新时代。在新品发布会上，海信正式发布电视行业最强中文大模型——星海大模型。

3 月 21 日　深圳市工业和信息化局等五部门印发《深圳市关于推动超高清视频显示产业集群高质量发展的若干措施》，支持开发面向多领域的系统级解决方案等。

3 月 27 日　浙江人形机器人创新中心启动，人形机器人整机产品领航者 1 号登场。领航者 1 号整机系统完全由浙江大学团队自主研发，硬件端包括新型行星减速器、轻量化仿人机械臂和多自由度灵巧手。以上硬件端均为团队自研，其中多自由度灵巧手有 15 个手指关节，6 个主动自由度，指尖力为 10 N，单手质量为 600 g，关节运动速度约为 2.62 rad/s。

3 月 27 日　京东方科技集团在成都投建国内首条第 8.6 代 AMOLED 生产线。该生产线总投资额达到 630 亿元，设计产能为每月 3.2 万片玻璃基板（尺寸为 2 290 mm×2 620 mm），主要生产笔记本计算机、平板计算机等智能终端高端触控 OLED 显示屏。

2024 年 4 月行业大事记

4 月 9 日　群创发布信息，陆续关闭中国江苏南京工厂。

4 月 16 日　工业和信息化部电子信息司组织召开了视听友好工作座谈会暨视听友好推进组筹备会。会议宣布视听友好推进组筹备组正式成立，组长单位为工业和信息化部电子信息司，副组长单位为中国电子技术标准化研究院、中国电子工业标准化技术协会、中国电子视像行业协会、中国电子音响行业协会、中国电子报社。

4 月 18 日　联想发布六款内置个人智能体"联想小天"的 AI PC 系列产品。

4 月 24 日　由北京市经济和信息化局、北京市通信管理局印发的《北京市算力基础设施建设实施方案（2024—2027 年）》提出，到 2025 年，北京市智算供给规模达到 45 EFLOPS；到 2027 年，实现智算基础设施软硬件产品全栈自主可控，整体性能达到国内领先水平，具备 100%自主可控的智算中心建设能力。

4 月 25 日　安徽滁州经开区与惠科股份有限公司举行了惠科电子纸显示模组整机项目签约仪式。项目计划总投资约 80 亿元，建设周期约 12 个月，主要产品包括电子价签、智慧阅读器、智慧办公本、电子书包等。项目全部投产后，预计年产值约 75 亿元。

4 月 27 日　北京市发展和改革委员会发布了《关于加快通用人工智能产业引领发展的若干措施》，计划 5 年内投资超千亿元，加速 AI 产业发展。

2024 年 5 月行业大事记

5 月 14 日　京东方 110 英寸 16K 至臻裸眼 3D 显示终端研发成功，在 SID 2024 国际显示周上亮相。裸眼 3D 显示终端搭载使用 ADS Pro 技术的 16K 超高清面板，采用业内领先的新型氧化物半导体材料背板 EPQ 画质增强技术，大幅提升了显示面板各像素的充电能力，实现了比 8K 分辨率高 4 倍的 16K 超高分辨率。其采用透镜阵列裸眼 3D 成像技术，该技术可使裸眼 3D 显示终端呈现具有 1 米以上出屏深度的 3D 影像，同时实现超高清分辨率和广色域表现。

5 月 16 日　由长虹控股集团牵头制定的《基于区块链的物联网零信任框架标准》国际标准，由电气电子工程师学会标准协会（IEEE-SA）批准并正式发布。该标准是首个基于区块链技术在物联网安全应用方面的国际标准。

5 月 19 日　小米集团华东总部所在地的小米南京科技园在南京建邺正式开园。小米携手南京航空航天大学、南京理工大学等江苏省内高校，联合培养学生，打通产学研合作通道。

5 月 28 日　维信诺科技股份有限公司发布公告，拟在合肥市投资建设第 8.6 代柔性有源矩阵有机发光二极管（AMOLED）生产线。该生产线可以生产尺寸为 2 290 mm×2 620 mm 的玻璃基板，设计产能为 32 000 片/月，预计投资总额为 550 亿元。

5 月 30 日　AR 独角兽 XREAL 正式发布空间计算新品——XREAL Beam Pro。XREAL Beam Pro 整机质量接近一部普通手机的质量，正面搭载一块 6.5 英寸防频闪 LCD（液晶显示）屏幕，背面拥有两颗 5 000 万像素摄像头的空间影像模组。

2024 年 6 月行业大事记

6 月 7 日　北京市首个 AIGC 视听产业创新中心在朝阳区启动建设。该中心覆盖影视企业的剧本创作、分镜设计等环节，旨在推动 AIGC、超高清视听等新技术在视听产业及相关领域的前瞻布局、技术孵化与应用开发，致力于打造中国数字视听产业制作中心。

6 月 18 日　中国科大人工智能与数据科学学院人形机器人研究院正式揭牌，并举行了人形机器人研究院科技委员会主任聘任仪式和长三角人形机器人联盟成立仪式。

6 月 19 日　中国电子视像行业协会发布《超大尺寸电视机以旧换新消费选购指南》。

6 月 21 日　阿里云推出首个"AI 程序员"。AI 程序员具备架构师、开发工程师、测试工程师等岗位技能。它是基于阿里云通义大模型构建的多智能体，每个智能体分别负责具体的软件开发任务并互相协作，可实现端到端产品功能的研发，极大地简化了软件开发的流程。

6 月 23 日　华为盘古大模型 5.0 正式发布，在全系列、多模态、强思维三个方面实现升级，包括十亿级、百亿级、千亿级、万亿级等不同参数规模，提供自然语言大模型、多模态大模型、视觉大模型、预测大模型、科学计算大模型等。

6 月 26 日　联想发布了自主研发的国内首个软硬一体元宇宙平台联想晨星元宇宙平台（Daystar World）。它基于计算机视觉及 AIGC 等前沿技术的元宇宙内容与业务构建平台，突破了物理世界高拟真 3D 重建、3D 数字底板构建、仿真预测、虚实交互与联动等业界难题。

6 月 26 日　中兴通讯发布了全球首款 AI 裸眼 3D 千元手机中兴远航 3D。该手机提供 6 GB＋128 GB 两种配置，售价为 1 499 元，采用了 6.58 英寸的水滴屏，分辨率为 2 408 像素×1 080 像素，支持 120 Hz 刷新率和 240 Hz 触控采样率，旨在为用户带来流畅的视觉和触控体验。

2024 年 7 月行业大事记

7 月 4 日　国内首款全尺寸通用人形机器人开源公版机"青龙"与全球首个全尺寸人形机器人开源社区正式发布。该机器人高 185 cm，重

80 kg，拥有高度仿生的躯干构型和拟人化的运动控制，支持多模态机动、多模态感知、多模态交互和多模态操控。

7 月 7 日　中国开源操作系统 openKylin for AIPC 版本重磅发布。该系统提供了统一的 AI 接口，与桌面环境无缝集成，并推出包括 AI 助手、智能文生图、智能模糊搜索等一系列智能化功能，将极大地提升用户在国产操作系统上的办公效率和创作体验。

7 月 9 日　华为位于上海青浦的研发中心项目全部建成，被命名为"华为练秋湖研发中心"，它将成为华为全球最宏大、最先进的研发基地，致力于打造一个复合型产业社区。

7 月 17 日　TCL 发布第三代艺术电视 A300 系列，该系列是全球首批搭载 AI 绘画大模型的艺术电视。

7 月 26 日　维信诺已完成世界上首颗采用嵌入式 RRAM（resistive random access memory，阻变式存储器）存储技术的 AMOLED 显示驱动芯片的开发和认证。该技术有效解决了传统芯片存在的外置器件成本居高不下、补偿参数读取速度慢等问题，同时成本更低、面积更小、效率更高。

7 月 26 日　中国前沿显示技术亮相 2024 年巴黎奥运会开幕式，塞纳河畔 80 余块 LED 大屏及巴黎 25 个户外大屏均体现了中国屏幕显示技术。

7 月 30 日　中国（北京）超高清电视先锋行动计划 2024 年重点工作动员部署会在北京召开，旨在推动北京超高清电视试点全链条工作。

2024 年 8 月行业大事记

8 月 1 日　我国自主研发的通用视频大模型 Vidu 面向全球正式上线，开放文生视频和图生视频两大核心功能。

8 月 16 日　江苏纳美达光电科技有限公司的子公司美触光电在湖南常德桃源投资建设全球首条纳米银线黄光触摸屏生产线。

8 月 16 日　康佳发布全球首款 23 万＋级分区、110 英寸 8K Mini AI-LED 电视 110A8 Ultra。

8 月 19 日　和辉光电成功研发国内首款 27 英寸 4KAMOLED 桌面显示器面板，已量产出货。

2024 年 9 月行业大事记

9 月 5 日　联想集团在德国柏林举办的创新世界大会上展示了全球首款自动旋转屏 AIPC。

9 月 10 日　华为三折叠屏手机 Mate XT 非凡大师正式发布，成为行业首款上市的三折叠屏手机。手机展开后，厚度只有 3.6 mm，成为全球最薄的折叠屏手机。同时屏幕全部展开后为 10.2 英寸，是全球屏幕最大的折叠屏手机。

9 月 13 日　创维集团-RGB 同意出售合资企业乐金中国 10% 的股权，现金代价为 13 亿元。股权出售后，该集团将不再持有乐金中国的任何股权。

9 月 19 日　由山东省工业和信息化厅、青岛市人民政府主办，中国电子视像行业协会、青岛市工业和信息化局承办的 2024 年激光显示技术与产业发展大会在青岛举行。

9 月 26 日　TCL 拟通过控股子公司 TCL 华星光电技术有限公司收购乐金显示（中国）有限公司（LGDCA）80% 的股权、乐金显示（广州）有限公司（LGDGZ）100% 的股权，以及 LGDCA、LGDGZ 运营所需相关技术及支持服务，基础购买价格为 108 亿元。

2024 年 10 月行业大事记

10 月 12 日　"模速空间"周年发展愿景发布暨上海市生成式人工智能创新生态先导区揭牌仪式举行。

10 月 18 日　由中国电子视像行业协会指导，中国电子视像行业协会投影显示产业分会和京东 3C 数码联合主办，以"光影未来，聚势向新"为主题的 2024 年第四届 CSPC 中国智能投影产业峰会在青岛线下和线上成功召开。

10 月 22 日　华为正式发布原生鸿蒙操作系统（HarmonyOS NEXT）。此次升级是自 HarmonyOS 诞生以来最重大的一次，凭借其原生精致、原生互联、原生智能、原生安全、原生流畅五大高品质体验，开启鸿蒙新世界。

10 月 22 日　京东方携手雷神发布了双方联合研发的全球首款仿生科技蜂鸟屏，它是双方共建京雷显示创新联合实验室后推出的首款新品。

10 月 23 日　OPPO 与比亚迪宣布签订战略合作协议，双方合作方向包括 AI 融合座舱、健康座舱、数字车钥匙、车管家、融合桌面、多媒体服务共享和算力共享等创新技术。

10 月 31 日　群创发布公告，将南京厂出售给南京江宁经济技术开发区管理委员会，总交易金额为 4.5 亿元。

2024 年 11 月行业大事记

11 月 3 日　全球首部《世界万物智联数字经济白皮书》在 2024 年世界物联网大会上发布。

11 月 6 日　由中国电子视像行业协会公共信息显示分会指导、励展博览集团主办、洛图科技（RUNTO）作为独家智库承办的第 27 届国际新型显示与触控精英峰会在深圳成功召开。

11 月 6 日　京东方华灿 Micro LED 晶圆制造和封装测试基地项目投产仪式在珠海举行，这是全球首条实现规模化量产的 Micro LED 生产线，也是全球首条 6 英寸 Micro LED 生产线。

11 月 10 日　第七届无人系统大会暨粤港澳大湾区低空经济产业大会在珠海开幕；珠海宣布组建珠海低空经济基金群，首期规模投资总额为 15 亿元，目标是形成基本覆盖低空经济圈产业链的百亿基金群。

11 月 16 日　TCL 华星宣布印刷 OLED 正式量产，这是一款 21.6 英寸的印刷 OLED 4K 医疗专业显示屏，产品最大亮度为 350 cd/m^2。

11 月 26 日　英特尔新质生产力技术生态大会在成都举办。腾讯公布了全球首款裸眼 3D 显示 PC 游戏掌机 Sunday Dragon 3D One。它是一款旨在探索裸眼 3D 显示技术在游戏场景应用的实验性产品，由腾讯游戏自研、英特尔提供技术支持、京东方提供裸眼 3D 显示屏。

2024 年 12 月行业大事记

12 月 6 日　TCL 显示器智能制造基地在成都市青白江区试投产，该基地是 TCL 全球首个电竞显示器自主生产基地，将开展电竞显示器模组加工、Mini LED 背光模组制造、主板 SMT 贴片、整机组装、检验检测等全流程出口加工业务，配套落地电竞显示器保税研发中心，同时与 TCL 液晶电视模组及整机生产制造业务共同打造 TCL 液晶电视出口加工制造基地。

12 月 11 日　由中国电子视像行业协会主办，中彩联和洛图科技协办，并得到了 TCL、海信、创维、海尔、卡萨帝、小米、HDMI、杜比、京东方、诺瓦星云、钉钉、AOC、文石、安道教育、峰米、熊猫、瑞利、VITURE、BOYA 等企业及各媒体的大力支持的第 20 届中国音视频产业大会（AVF）在北京盛大召开。

12 月 12 日　广播电视规划院联合康佳、海思等企业，经过 1 年的研发和 4 个月的联合攻关，推出了行业首款全面符合通用遥控技术标准的电视。这标志着通用遥控器与电视的完全适配应用取得了关键进展，为电视观众实现"用一个遥控器看电视"的愿景迈出了关键一步。

12 月 19 日　辰显光电发布全球首款 TFT（非晶硅薄膜晶体管）基 Micro LED 产品。

12 月 27 日　工业和信息化部人工智能标准化技术委员会成立。

2.3　2024 年中国电子视像行业相关政策汇总

2024 年中国电子视像行业相关政策汇总如表 2.1 所示。

表 2.1　2024 年中国电子视像行业相关政策汇总

序号	发布时间	发布机关*	发布内容
1	2024 年 1 月 8 日	工业和信息化部办公厅、国务院国资委办公厅	关于印发 2023 年度重点产品、工艺"一条龙"应用示范方向和推进机构名单的通知
2	2024 年 1 月 11 日	工业和信息化部	关于公布 2023 年消费品工业"三品"战略示范城市名单的通告
3	2024 年 1 月 12 日	国家标准化管理委员会	关于拟下达第三批国家高端装备制造业标准化试点项目的公示

* 发布机关名称来源于官方文件。

（续表）

序号	发布时间	发布机关	发布内容
4	2024 年 1 月 18 日	工业和信息化部办公厅等五部门	关于组织开展智能制造示范工厂揭榜单位验收工作的通知
5	2024 年 1 月 19 日	工业和信息化部办公厅	关于公布 2023 年新一代信息技术典型产品、应用和服务案例（第一批）名单的通知
6	2024 年 1 月 19 日	工业和信息化部	公示元宇宙标准化工作组组建方案
7	2024 年 1 月 22 日	财政部等四部门	关于停征废弃电器电子产品处理基金有关事项的公告
8	2024 年 1 月 23 日	工业和信息化部、国家发展改革委	关于印发《制造业中试创新发展实施意见》的通知
9	2024 年 1 月 23 日	商务部等九部门	关于健全废旧家电家具等再生资源回收体系的通知
10	2024 年 1 月 24 日	商务部等九部门	关于印发《健全废旧家电家具等再生资源回收体系典型建设工作指南》的通知
11	2024 年 1 月 25 日	工业和信息化部等九部门	关于印发《原材料工业数字化转型工作方案（2024—2026 年）》的通知
12	2024 年 1 月 29 日	工业和信息化部等七部门	关于推动未来产业创新发展的实施意见
13	2024 年 1 月 29 日	工业和信息化部科技司	关于拟推荐参评第二十五届中国专利奖项目的公示
14	2024 年 1 月 30 日	工业和信息化部	关于印发《绿色工厂梯度培育及管理暂行办法》的通知
15	2024 年 1 月 30 日	工业和信息化部	关于印发工业控制系统网络安全防护指南的通知
16	2024 年 1 月 31 日	财政部、科技部	关于印发《中央引导地方科技发展资金管理办法》的通知
17	2024 年 1 月 31 日	工业和信息化部等十二部门	关于印发《工业互联网标识解析体系"贯通"行动计划（2024—2026 年）》的通知
18	2024 年 2 月 4 日	国务院	公布《碳排放权交易管理暂行条例》
19	2024 年 2 月 9 日	国务院办公厅	关于加快构建废弃物循环利用体系的意见
20	2024 年 2 月 20 日	国家发展改革委等六部门	关于发布《重点用能产品设备能效先进水平、节能水平和准入水平（2024 年版）》的通知
21	2024 年 2 月 21 日	工业和信息化部	关于印发工业领域碳达峰碳中和标准体系建设指南的通知
22	2024 年 2 月 26 日	工业和信息化部	关于印发《工业领域数据安全能力提升实施方案（2024—2026 年）》的通知

（续表）

序号	发布时间	发布机关	发布内容
23	2024 年 2 月 29 日	工业和信息化部等七部门	关于加快推动制造业绿色化发展的指导意见
24	2024 年 2 月 29 日	国家发展改革委等十部门	关于印发《绿色低碳转型产业指导目录（2024 年版）》的通知
25	2024 年 3 月 13 日	国务院	关于印发《推动大规模设备更新和消费品以旧换新行动方案》的通知
26	2024 年 3 月 13 日	商务部等九部门	关于推动农村电商高质量发展的实施意见
27	2024 年 3 月 18 日	市场监管总局会同中央网信办等十八部门	关于印发《贯彻实施〈国家标准化发展纲要〉行动计划（2024—2025 年）》的通知
28	2024 年 3 月 19 日	国务院	中华人民共和国消费者权益保护法实施条例
29	2024 年 3 月 27 日	工业和信息化部等四部门	关于印发《通用航空装备创新应用实施方案（2024—2030 年）》的通知
30	2024 年 3 月 27 日	商务部等十四部门	关于印发《推动消费品以旧换新行动方案》的通知
31	2024 年 3 月 27 日	市场监管总局等七部门	关于印发《以标准提升牵引设备更新和消费品以旧换新行动方案》的通知
32	2024 年 03 月 28 日	体育总局办公厅等三部门	关于开展"体育赛事进景区、进街区、进商圈"活动的通知
33	2024 年 4 月 2 日	财政部、工业和信息化部	关于开展制造业新型技术改造城市试点工作的通知
34	2024 年 4 月 8 日	工业和信息化部办公厅	关于做好 2024 年工业和信息化质量工作的通知
35	2024 年 4 月 9 日	工业和信息化部等七部门	关于印发推动工业领域设备更新实施方案的通知
36	2024 年 4 月 14 日	工业和信息化部办公厅、商务部办公厅	关于开展 2024"三品"全国行活动的通知
37	2024 年 4 月 15 日	工业和信息化部办公厅	关于开展 2024 年度 5G 轻量化（RedCap）贯通行动的通知
38	2024 年 4 月 17 日	工业和信息化部办公厅	关于开展第六批专精特新"小巨人"企业培育和第三批专精特新"小巨人"企业复核工作的通知
39	2024 年 4 月 26 日	商务部、财政部等七部门	关于印发《汽车以旧换新补贴实施细则》的通知
40	2024 年 4 月 30 日	财政部办公厅、工业和信息化部办公厅	关于做好 2024 年中小企业数字化转型城市试点工作的通知

（续表）

序号	发布时间	发布机关	发布内容
41	2024 年 5 月 1 日	财政部、交通运输部	关于支持引导公路水路交通基础设施数字化转型升级的通知
42	2024 年 5 月 10 日	商务部办公厅、财政部办公厅	关于完善再生资源回收体系 支持家电等耐用消费品以旧换新的通知
43	2024 年 5 月 11 日	工业和信息化部办公厅	关于组织开展 2024 年工业互联网一体化进园区"百城千园行"活动的通知
44	2024 年 5 月 14 日	工业和信息化部办公厅	关于开展 2024 年"数字适老中国行"活动的通知
45	2024 年 5 月 15 日	工业和信息化部办公厅等五部门	关于开展 2024 年新能源汽车下乡活动的通知
46	2024 年 5 月 17 日	工业互联网专项工作组办公室	关于印发《工业互联网专项工作组 2024 年工作计划》的通知
47	2024 年 5 月 29 日	国务院	关于印发《2024—2025 年节能降碳行动方案》的通知
48	2024 年 6 月 3 日	国家发展改革委等六部门	关于印发《推动文化和旅游领域设备更新实施方案》的通知
49	2024 年 6 月 12 日	商务部等九部门	关于拓展跨境电商出口推进海外仓建设的意见
50	2024 年 6 月 20 日	国家发展改革委办公厅等八部门	关于组织推荐绿色技术的通知
51	2024 年 6 月 24 日	国家发展改革委等五部门	印发《关于打造消费新场景培育消费新增长点的措施》的通知
52	2024 年 7 月 2 日	工业和信息化部等四部门	关于印发国家人工智能产业综合标准化体系建设指南（2024 版）的通知
53	2024 年 7 月 25 日	国家发展改革委、财政部	印发《关于加力支持大规模设备更新和消费品以旧换新的若干措施》的通知
54	2024 年 7 月 26 日	财政部等四部门	关于实施支持科技创新专项担保计划的通知
55	2024 年 7 月 30 日	工业和信息化部	发布《工业机器人行业规范条件（2024版）》和《工业机器人行业规范条件管理实施办法（2024 版）》
56	2024 年 8 月 8 日	国家发展改革委等三部门	关于进一步强化碳达峰碳中和标准计量体系建设行动方案（2024—2025 年）的通知
57	2024 年 8 月 24 日	商务部等四部门办公厅	关于进一步做好家电以旧换新工作的通知
58	2024 年 8 月 24 日	商务部等五部门办公厅（室）	关于印发《推动电动自行车以旧换新实施方案》的通知

（续表）

序号	发布时间	发布机关	发布内容
59	2024 年 8 月 26 日	商务部等七部门	关于进一步做好汽车以旧换新有关工作的通知
60	2024 年 8 月 26 日	工业和信息化部、国家标准化管理委员会	关于印发物联网标准体系建设指南（2024 版）的通知
61	2024 年 8 月 26 日	工业和信息化部办公厅等三部门	关于征集 2024 年度视听系统典型案例的通知
62	2024 年 9 月 4 日	工业和信息化部办公厅	关于组织开展 2024 年"5G＋工业互联网"融合应用先导区试点工作的通知
63	2024 年 9 月 12 日	工业和信息化部办公厅	关于推进移动物联网"万物智联"发展的通知
64	2024 年 9 月 30 日	财政部、生态环境部	关于印发《废弃电器电子产品处理专项资金管理办法》的通知
65	2024 年 10 月 17 日	工业和信息化部办公厅	关于开展 2024 年工业机器人行业规范公告申报工作的通知
66	2024 年 11 月 25 日	工业和信息化部等十二部门	关于印发《5G 规模化应用"扬帆"行动升级方案》的通知
67	2024 年 12 月 2 日	工业和信息化部电子信息司	2024 年度视听系统典型案例公示
68	2024 年 12 月 16 日	商务部等七部门	关于印发《零售业创新提升工程实施方案》的通知
69	2024 年 12 月 27 日	工业和信息化部办公厅等三部门	关于公布 2024 年度视听系统典型案例名单的通知

第 3 章
中国电子视像行业消费级终端
运行概况

3.1 2022—2024 年中国电子视像行业消费级显示终端数据汇总

2022—2024 年中国电子视像行业消费级显示终端数据如表 3.1 所示。

表 3.1 2022－2024 年中国电子视像行业消费级显示终端数据

品类	销量/万台			销售额/亿元		
	2022 年	2023 年	2024 年	2022 年	2023 年	2024 年
行业整体	42 370.2	42 649.9	42 611.9	11 532.6	12 395.2	13 195.0
手机	26 928.0	28 800.0	28 660.0	9 018.2	10 022.4	10 724.0
电视	3 661.2	3 175.0	3 082.1	1 167.0	1 070.2	1 201.5
移动智慧屏	0.4	14.8	25.4	0.1	6.5	9.6
智能投影	617.8	586.4	604.2	125.3	103.7	100.1
显示器	2 307.9	2 283.2	2 202.2	299.0	257.3	232.8
智能平板	2 994.2	3 084.2	3 174.4	892.6	915.7	909.5
XR 设备	93.4	61.3	53.6	30.4	19.4	17.5
机顶盒	5 767.3	4 645.0	4 810	—	—	—

3.2 2024 年中国电子视像行业消费级显示终端运行概述

3.2.1 2024 年中国手机行业统计概况

近几年，全球手机市场经历从需求到复苏的盘整期，市场整体趋于饱和，消费者换机周期延长。因此，中国手机市场不得不以"技术突围"的方式刺激用户的创新需求以带动换机。2024 年，中国手机市场迎来结构性调整。调研公司的数据显示，2024 年国内手机的销量约为 2.87 亿部，同比下降 0.5%。从需求结构分析，整体呈现多面性趋势。

一是个性化需求稳定增长。品牌对消费者需求的满足，更加注重"从性能参数"到"场景价值"的迁移。AI 应用生态百花齐放，同时也更加注重实质性的场景应用，如 AI 修图的效率、折叠屏的多任务处理等。结合技术的高配与实用性，整机价格也令消费者感到物超所值。

二是政策性支持。虽然 2024 年中国手机市场未对该品类手机提供具体的官方补贴，但在家电品类"国家补贴"政策覆盖广、力度强的效应下，部分省市针对手机品类也实施了临时性的购机补贴政策，从而促进了国内整体市场的换机需求，并引发了消费者对政策性补贴时间表的关注。

3.2.2 2024 年中国电视行业统计概况

电视在消费电子市场中始终是重要的营收支柱之一。近年来，手机、平板计算机等移动设备迅速崛起，但电视凭借其大屏幕的显示功能和家庭娱乐中心的属性，成为家庭中连接影视、游戏、教育等多种内容服务的重要终端，构建起家庭娱乐生态的基础。这种核心地位使电视在消费电子市场中具有独特的影响力，处于无可替代的核心位置，并推动着家庭娱乐相关产品的发展与创新。

2024 年，中国电视市场的销量达到 3 082 万台，同比下降 2.9%。

中国电视市场规模持续缩减的根本原因在于，随着客厅展示和接待功能的弱化，以及用户时间的碎片化和收视设备的选择多样化，电视已不再是家庭的必需品。2024 年，中国电视市场受到的最大正面影响来自史上最长的"双十一大促销"活动与"国家补贴"政策的叠加效应。在"国家补贴"政策的激励下，终端销售渠道大有起色。

随着中国电视市场的发展，目前"国家补贴"政策主要刺激的是"存量更新"，即在现有需求下进行"产品升级"。因此，小尺寸低端电视的销量快速减少，而中国电视市场的销量增长相对有限，其效果更多地体现在产品结构的优化上。2022—2024 年中国电视市场统计数据如表 3.2 所示。

表 3.2　2022—2024 年中国电视市场统计数据

类别	类别明细	销量占比			销售额占比		
		2022 年	2023 年	2024 年	2022 年	2023 年	2024 年
渠道结构	线上	73.6%	73.5%	72.1%	57.9%	58.4%	56.1%
	线下	26.4%	26.5%	27.9%	42.1%	41.6%	43.9%
分辨率	HD	10.9%	7.9%	7.9%	3.2%	1.9%	1.9%
	FHD	11.5%	12.2%	12.2%	4.2%	3.8%	3.8%
	UHD	77.4%	79.8%	79.8%	91.8%	93.9%	93.9%
	8K	0.2%	0.1%	0.1%	0.8%	0.4%	0.4%
重点技术	Mini LED 电视	1.0%	2.9%	13.5%	3.7%	9.5%	23.0%
	OLED 电视	0.9%	0.3%	0.2%	3.2%	1.1%	0.5%
	高刷电视	13.5%	32.0%	54.2%	30.7%	53.8%	74.2%

（续表）

类别	类别明细	销量占比			销售额占比		
		2022 年	2023 年	2024 年	2022 年	2023 年	2024 年
重点尺寸	32 英寸	11.9%	8.5%	6.9%	3.1%	1.7%	1.2%
	40 英寸	1.7%	0.9%	0.7%	0.6%	0.3%	0.2%
	43 英寸	13.3%	13.9%	11.6%	5.6%	4.8%	3.5%
	50 英寸	6.1%	4.8%	4.7%	3.2%	2.2%	2.0%
	55 英寸	24.0%	19.6%	18.7%	19.3%	13.4%	11.6%
	65 英寸	21.3%	21.8%	19.9%	27.5%	23.0%	18.6%
	75 英寸	11.8%	19.1%	23.0%	22.1%	29.1%	30.8%
	85 英寸	2.1%	6.0%	10.3%	7.1%	14.6%	21.6%
	86 英寸	0.7%	0.9%	0.6%	2.0%	2.3%	1.6%
	98 英寸	0.3%	0.4%	0.5%	2.0%	2.5%	2.4%
	100 英寸	0.1%	0.3%	1.1%	0.6%	1.9%	4.0%
	其他	6.7%	3.8%	2.0%	6.9%	4.2%	2.5%
价格段	0～999 元	19.9%	18.2%	14.1%	5.5%	4.3%	2.9%
	1 000～1 499 元	18.1%	14.2%	10.6%	8.4%	6.1%	4.0%
	1 500～1 999 元	14.6%	12.7%	12.3%	9.3%	7.1%	5.9%
	2 000～2 499 元	9.2%	10.8%	10.8%	7.4%	7.7%	6.7%
	2 500～2 999 元	9.7%	9.7%	10.9%	9.6%	8.8%	8.6%
	3 000～3 999 元	11.2%	11.1%	11.7%	14.0%	12.2%	11.6%

（续表）

类别	类别明细	销量占比			销售额占比		
		2022 年	2023 年	2024 年	2022 年	2023 年	2024 年
价格段	4 000～4 999 元	5.2%	7.3%	8.6%	8.6%	10.6%	11.1%
	5 000～5 999 元	3.6%	5.1%	7.0%	7.3%	9.1%	11.0%
	6 000 元及以上	8.5%	10.9%	14.0%	29.9%	34.1%	38.2%
重点参数	60 Hz	65.5%	54.5%	33.8%	46.1%	32.1%	15.9%
	120 Hz	14.1%	24.9%	34.3%	30.3%	37.3%	35.8%
	144 Hz	1.0%	6.2%	18.1%	2.8%	13.2%	28.5%
	144 Hz 以上	0.4%	1.3%	6.5%	1.3%	3.7%	11.9%
	其他	19.0%	13.0%	7.3%	19.5%	13.6%	7.9%
能效等级	一级能效	0.4%	2.5%	19.7%	1.8%	8.6%	37.7%
	二级能效	20.4%	13.4%	22.6%	28.6%	18.7%	20.9%
	三级能效	61.8%	56.4%	37.8%	49.1%	45.8%	26.6%
	三级能效以下	17.4%	27.7%	19.9%	20.5%	26.8%	14.8%

（1）重点技术：Mini LED 电视凭借背光控制技术，可以实现低能耗，同时兼具大尺寸和高能效的特性，成为 2024 年中国电视市场最大的亮点产品。2023 年，Mini LED 电视的销量达到 92 万台，同比增长超过 140%；2024 年，Mini LED 电视的销量进一步飙升至 416 万台，同比增长率高达 352%。OLED 电视市场规模持续收缩，2024 年的销量不足 10 万台。

（2）重点尺寸：中国电视市场全面进入大屏时代。长期以来，电视供应链上下游均致力于推动电视尺寸的大型化。这一趋势既有利于消耗面板产能，又能够提升终端产品的价值和利润。2024 年，75 英寸电视的销量占比达到 23.0%，超越销量占比为 19.9% 的 65 英寸电视，成为新晋第一大尺寸。2023 年，65 英寸刚刚成为市场第一大尺寸。2024 年，超大尺寸的 85 英寸电视和 100 英寸电视的销量占比分别达到 10.3% 和 1.1%，分别同比增长 4.3 个和 0.8 个百分点。

（3）能效等级：以旧换新政策推动行业绿色发展，一级产品同比大幅增长。以旧换新政策对于节能产品给予 15%～20% 的补贴，不仅增强了企业对于二级能效及以上产品的投入力度，激发了企业的研发热情，还极大地激发了消费者的购买意愿，使消费者在政策补贴下更倾向于选择节能产品。因此，在政策的推动下，二级能效及以上的彩电产品实现了快速发展。2024 年，中国彩电市场一级能效产品销量占比达到 19.7%，较 2023 年增长 17.2 个百分点；二级能效产品销量占比达到 22.6%，较 2023 年增长 9.2 个百分点。

3.2.3　2024 年中国移动智慧屏行业统计概况

近年来，随着消费者生活方式的升级与改变，客厅去中心化的趋势日益明显，市场上涌现出众多高颜值、个性化、多样化且具备良好体验感和科技感的新兴智能终端产品。在这些产品中，集影音娱乐、学习、办公、健身、直播、KTV 等家庭使用场景于一身的移动智慧屏应运而生，并逐渐成为众多消费者家庭娱乐硬件中的首选。

目前，移动智慧屏的定义为屏幕尺寸达 18～32 英寸，配备专用支架，具有智能操作系统，同时支持触控功能的可续航、可移动的终端设备。这类设备能够使用户在客厅、卧室乃至户外等不同场景下，随时享受大屏观影和娱乐互动带来的乐趣。

2023 年是中国移动智慧屏市场发展的第一年。随着电视厂商、显示器制造商、广告机制造商和新兴互联网智能硬件厂商的布局，中国移动智慧屏市场迅速扩张并发展壮大。

2024 年，厂商对中国移动智慧屏市场的关注度持续提升，销售品牌数量达到 94 个，较 2023 年增长 65 个。在产品价格逐渐亲民化的同时，4K 超高清、全景声音质、大模型等音视频和 AI 技术不断迭代升级，推动 2024 年中国移动智慧屏市场的销量达到 25.4 万台，同比增长 65.0%；销售额达到 9.6 亿元，同比增长 37.3%。2022—2024 年中国移动智慧屏市场统计数据如表 3.3 所示。

表 3.3　2022—2024 年中国移动智慧屏市场统计数据

类别	类别明细	销量占比			销售额占比		
		2022 年	2023 年	2024 年	2022 年	2023 年	2024 年
渠道结构	线上	—	91.0%	86.5%	—	91.1%	85.6%
	线下	—	9.0%	13.5%	—	8.9%	14.4%
尺寸结构	22 英寸	—	5.6%	11.6%	—	2.3%	5.3%
	24 英寸	—	1.4%	18.4%	—	0.8%	14.7%
	27 英寸	—	74.7%	45.8%	—	83.4%	56.0%
	32 英寸	—	18.3%	24.2%	—	13.5%	24.0%
屏幕分辨率	1 920 像素×1 080 像素	—	97.1%	74.4%	—	96.4%	68.5%
	2 560 像素×1 440 像素	—	0.5%	0.0%	—	0.4%	0.0%
	3 840 像素×2 160 像素	—	2.4%	25.6%	—	3.2%	31.5%

（续表）

类别	类别明细	销量占比			销售额占比		
		2022 年	2023 年	2024 年	2022 年	2023 年	2024 年
摄像头	有摄像头	—	73.3%	66.0%	—	82.2%	71.9%
	无摄像头	—	26.7%	34.0%	—	17.8%	28.1%
电池容量	5 000 mA·h	—	45.9%	22.2%	—	51.5%	19.0%
	7 000 mA·h	—	26.2%	22.7%	—	27.9%	26.3%
	9 500 mA·h	—	11.9%	39.0%	—	10.5%	43.8%
	10 000 mA·h 及以上	—	16.0%	16.1%	—	10.1%	10.9%
价格段	0～1 999 元	—	4.7%	11.4%	—	1.8%	5.2%
	2 000～2 999 元	—	7.2%	26.4%	—	4.4%	20.0%
	3 000～3 999 元	—	15.4%	25.1%	—	11.8%	25.6%
	4 000～4 999 元	—	40.3%	28.8%	—	43.4%	36.5%
	5 000 元及以上	—	32.4%	8.3%	—	38.6%	12.7%

（1）渠道结构：2024 年，中国移动智慧屏线上市场的销量占比为 86.5%，线下渠道的销量占比为 13.5%。尽管移动智慧屏销量在线下市场的增长速度高于线上市场，但线下市场并非主要的销售渠道，体量较小。出现这一现象的主要原因在于移动智慧屏的受众群体以年轻人为主，他们已经形成了线上购物的消费习惯。此外，从企业角度来看，由于当前市场规模较小，线下实体店的高成本难以通过收益覆盖，所以多数品牌更倾向于选择线上电商平台作为销售渠道。作为新兴的智能硬件品类，目前线上市场成为移动智慧屏的主要销售渠道，各厂商通过京东、天猫和抖音等电商平台迅速打开市场。虽然线下市场不是主要的销售渠

道，但仍具有较大潜力。作为客单价较高的智能硬件单品，线下实体店的产品体验对于提升品牌知名度和产品普及度至关重要。线下渠道还能有效地促进线上市场的发展，将更多潜在的用户转化为已购用户。

（2）尺寸结构：2024 年，中国移动智慧屏产品尺寸呈多样化发展，虽然 27 英寸仍为市场销量最高的产品尺寸，但销量占比已下降至 45.8%，同比下降 28.9 个百分点。同时，移动智慧屏厂商针对不同人群的使用场景和使用需求推出大尺寸和中小尺寸产品，22 英寸、24 英寸和 32 英寸产品销量占比均实现大幅增长。（其中，24 英寸产品销量占比达到 18.4%，同比增长 17.0 个百分点，位列市场第三。）

（3）屏幕分辨率：2024 年，中国移动智慧屏市场主要为 1 920 像素×1 080 像素的高清产品，但销量占比已下降至 74.4%。3 840 像素×2 160 像素超高清 4 K 产品的销量占比达到 25.6%，同比增长 23.2 个百分点，是推动市场增长的主要驱动力。在产品不断升级和高质量发展的背景下，2025 年，4 K 市场仍将保持较强的增长动力。

（4）摄像头：2024 年，带有摄像头功能的移动智慧屏产品的销量占比达到 66.0%，同比下降 7.3 个百分点。摄像头已成为品牌移动智慧屏产品的标准配置，不仅能够用于视频通话，还能用于居家安防，满足了对老人、小孩和宠物的看护需求。带有摄像头功能的移动智慧屏产品的销量占比下降的原因在于 2024 年白牌、贴牌等中低端不带摄像头的产品增多，这些产品降低了品牌产品的销量占比。

（5）电池容量：2024 年，配备 9 500 mA·h 大容量电池的移动智慧屏产品的销量占比达到 39.0%，同比增长 27.1 个百分点，位列市场第一，同时小容量电池产品销量占比下降。目前，续航时间过短仍是移动智慧屏产品的主要痛点之一。未来，升级电池容量与降低电池成本是保证产品持续发展的关键因素。

（6）价格段：2024 年，中国移动智慧屏市场产品均价为 3 780 元，较 2023 年减少了 763 元。更多中低端产品的上市和中高端产品的降价推动 4 000 元以内价格段市场的销量占比均实现增长。4 000～4 999 元和 5 000 元及以上高端市场受到低端产品的挤压，销量占比大幅下降。整体来说，中国移动智慧屏市场均价仍较高，2025 年市场均价仍将保持下降趋势。

3.2.4　2024 年中国智能投影行业统计概况

经过 2023 年的调整，2024 年中国智能投影市场复苏。2024 年，中国智能投影市场（不含激光电视）销量达到 604.2 万台，同比增长 3.0%；销售额为 100.1 亿元，同比下降 3.5%。

2024 年中国智能投影市场的主要特征如下。

市场保持活力的同时，竞争也十分激烈。中国智能投影线上市场的在售品牌数量达到 378 个，较 2023 年增加了 78 个。

供应链国产化取得突破，1LCD 技术依然是市场的主要选择；国产 LCOS（硅基液晶显示器）技术即将实现商用；Micro LED 技术产生了多项专利；超短焦镜头和光学幕布价格下降，普及程度提高。

产品性能指标提升，激光光源和 4 K 产品加速市场渗透。

海外市场拓展，国产主流品牌加快布局海外市场，其在智能系统、内容资源、光源技术、自动化功能等层面的突破，以及在国内消费市场积累的人机交互和用户的运营经验,为海外市场的拓展提供了有力支持。

车载应用领域,光峰、极米、海信等主要厂商正在加大对车载场景的布局。截至 2024 年年底,光峰累计获得 10 个车载业务定点,极米则收到了 7 个定点通知;产品以符合汽车使用规范级别的幕布和投影大灯为主。

2022—2024 年中国智能投影市场统计数据如表 3.4 所示。

表 3.4　2022—2024 年中国智能投影市场统计数据

类别	类别明细	销量占比			销售额占比		
		2022 年	2023 年	2024 年	2022 年	2023 年	2024 年
投影技术	DLP	37.0%	32.0%	31.4%	70.4%	67.5%	66.4%
	1LCD	61.2%	66.1%	66.8%	24.8%	27.4%	29.3%
	3LCD	1.7%	1.9%	1.7%	4.7%	5.1%	4.3%
	LCOS	0.1%	0.0%	0.1%	0.1%	0.0%	0.0%
光源技术	LED 灯	94.7%	89.3%	85.1%	85.0%	67.8%	55.2%
	激光	3.4%	8.8%	13.7%	9.9%	26.8%	41.3%
	超高压汞灯	1.9%	1.9%	1.2%	5.1%	5.4%	3.5%
光通量	500 lm 以下	67.1%	69.1%	71.8%	31.4%	30.7%	34.7%
	500～1 000 lm	14.7%	11.7%	12.0%	22.5%	18.2%	17.0%
	1 000～1 500 lm	6.6%	8.7%	6.1%	12.7%	16.6%	11.7%
	1 500～2 000 lm	0.4%	2.7%	3.2%	0.7%	7.9%	9.6%
	2 000～3 000 lm	10.6%	7.4%	5.9%	31.1%	25.4%	22.0%
	3 000 lm 以上	0.6%	0.4%	1.0%	1.6%	1.2%	5.0%

（续表）

类别	类别明细	销量占比			销售额占比		
		2022 年	2023 年	2024 年	2022 年	2023 年	2024 年
分辨率	HD	16.4%	18.3%	19.8%	9.4%	7.1%	6.2%
	FHD	46.5%	47.3%	51.2%	72.4%	64.2%	54.8%
	UHD	1.6%	5.2%	9.0%	6.7%	21.1%	33.6%
	其他	35.5%	29.2%	20.0%	11.5%	7.6%	5.4%
价格段	0～499 元	23.8%	31.9%	29.4%	4.4%	5.9%	6.1%
	500～999 元	20.7%	17.6%	24.6%	8.0%	7.7%	11.2%
	1 000～1 999 元	20.4%	20.5%	21.9%	15.1%	17.2%	20.7%
	2 000～2 999 元	12.1%	12.3%	10.4%	17.0%	18.3%	16.7%
	3 000～3 999 元	10.3%	7.5%	5.0%	18.2%	15.3%	11.3%
	4 000～4 999 元	2.4%	3.3%	3.0%	5.8%	8.6%	9.0%
	5 000 元及以上	10.3%	6.9%	5.7%	31.5%	27.0%	25.0%

（1）投影技术：2024 年，1LCD 技术的销量占比提升至 66.8%，同比增长 0.7 个百分点。产品升级趋势明显，智能化功能成为基本的配置，同时，4K 分辨率和短焦投影灯产品崭露头角。2024 年，DLP（数字光处理显示器）技术的销量占比为 31.4%，较 2023 年下降 0.6 个百分点，但在第四季度，得益于"国家补贴"政策和大型促销活动的共同作用，销售额占比达到 66.4%。2024 年，3LCD 品牌爱普生积极采取中国化的价格策略和产品路线，销量占比维持在 2% 左右，销售额占比达到 4.3%，较 2023 年有所下滑。

（2）光源技术：2024 年，LED 灯仍是中国智能投影市场的主要光源类型，销量占比达到 85.1%，它的优势在于寿命长、能耗低、自然光照和成本低。激光光源维持高速增长态势，销量占比达到 13.7%，销售额占比达到 41.3%，产品供给扩容和价格下降明显。超高压汞灯光源市场不断萎缩，销量、销售额占比分别仅达到 1.2% 和 3.5%。

（3）光通量：2024 年，中国智能投影产品的光通量仍以 500 lm 以下为主，销量占比达到 71.8%，由于 1LCD 品牌和产品的涌入，销量占比持续增长。得益于激光光源的快速渗透，光通量为 1 500～2 000 lm 和 3 000 lm 以上的产品销量占比均有所提升。

（4）分辨率：2024 年，智能投影市场的分辨率以 FHD 为主，近几年的销量占比保持在 50% 左右。UHD 的销量占比达到 9.0%，同比增加 3.8 个百分点；增加的原因在于产品种类的增多和价格的下降，如大眼橙、小明、飞利浦、优酷、徕卡等新进入市场的企业对此有所贡献。

（5）价格段：2024 年，1 000 元以下价格的产品依旧占据半壁江山，销量占比达到 54.0%，较 2023 年增加了 4.4 个百分点。500 元以下价格产品的销量占比最高，但呈现下滑态势，市场资源向 500～999 元价格的产品和 1 000～1 999 元价格的产品倾斜，此价格区间正是 2024 年 1LCD 和 DLP 主要品牌的主要竞争区间。5 000 元及以上价格产品的销量占比有所减少，但万元以上价格产品的销售占比上升，愿意为新技术、趋势产品、生活品质、健康和效率的体验买单的消费者仍然存在。

2024 年，中国家用激光投影市场（包含激光电视和激光＋LED 混光产品）销量为 88.1 万台，同比增长 37.7%；销售额为 57.0 亿元，同比下降 0.1%。

中国家用激光投影市场持续高增长的原因：大屏娱乐需求增长是根

本原因，消费者追求视觉冲击和沉浸体验，家用激光投影凭借大尺寸画面和优质画质成为家庭影院的首选；技术升级和功能创新是核心因素，三色激光技术显著提升了色彩饱和度、对比度和画质分辨率，语音控制、自动对焦、自动梯形校正、云台设计等提升了使用的便捷性；产品丰富和价格下降是直接因素，光源、镜头、芯片等核心部件国产化加速，成本压缩为降价提供了空间，品牌和机型数量也随之增多。

2022—2024 年中国家用激光投影市场统计数据如表 3.5 所示。

表 3.5　2022—2024 年中国家用激光投影市场统计数据

类别	类别明细	销量占比			销售额占比		
		2022 年	2023 年	2024 年	2022 年	2023 年	2024 年
投影技术	DLP	92.2%	95.0%	95.2%	92.0%	93.5%	94.1%
	3LCD	7.2%	4.7%	4.7%	6.9%	5.7%	5.3%
	LCOS	0.6%	0.4%	0.1%	1.0%	0.8%	0.6%
镜头技术	超短焦	57.5%	30.7%	19.0%	75.1%	53.7%	35.6%
	中长焦	42.5%	69.3%	81.0%	24.9%	46.3%	64.4%
光源技术	单色	72.5%	45.2%	29.4%	63.5%	44.5%	33.3%
	双色	0.1%	0.1%	0.0%	0.4%	0.3%	0.2%
	三色	27.4%	54.7%	70.5%	36.1%	55.2%	66.6%
光通量	1 000 lm 以下	0.4%	21.3%	25.4%	0.1%	8.0%	11.1%
	1 000～2 000 lm	22.5%	22.0%	23.5%	9.5%	12.7%	13.9%
	2 000～3 000 lm	42.2%	33.8%	27.4%	39.2%	34.0%	28.8%

（续表）

类别	类别明细	销量占比			销售额占比		
		2022 年	2023 年	2024 年	2022 年	2023 年	2024 年
光通量	3 000～4 000 lm	30.5%	21.9%	22.1%	43.4%	42.3%	43.2%
	4 000 lm 以上	4.4%	1.0%	1.6%	7.8%	2.9%	3.0%
分辨率	FHD	41.2%	49.3%	40.6%	19.6%	24.3%	20.5%
	UHD	58.7%	50.6%	59.3%	78.6%	74.7%	78.9%
	其他	0.1%	0.1%	0.1%	1.8%	1.0%	0.7%
价格段	0～4 999 元	14.6%	37.5%	51.7%	4.7%	15.2%	26.7%
	5 000～9 999 元	50.4%	41.8%	35.1%	31.1%	34.9%	37.3%
	10 000～19 999 元	19.4%	12.8%	9.8%	24.2%	20.8%	20.4%
	20 000～29 999 元	12.5%	4.8%	2.3%	27.6%	13.6%	8.8%
	30 000～49 999 元	2.6%	2.4%	0.9%	8.5%	10.3%	5.1%
	50 000 元及以上	0.5%	0.6%	0.2%	3.9%	5.2%	1.9%

（1）投影技术：2024 年，家用激光投影市场仍然以 DLP 技术为主，销量占比达到 95.2%。3LCD 技术的销量占比达到 4.7%，与 2023 年基本持平；随着爱普生推出 3 000 元以下的激光产品，3LCD 技术的销售额占比达到 5.3%，较 2023 年有所下滑。

（2）镜头技术：2024 年，中长焦技术已经成为主要的家用激光投影技术，其形态更加多元化，且光路设计和生产难度更低，从而使成本降低。坚果、极米、当贝、Vidda 等品牌加快中长焦产品的市场布局，促使其销量占比提升至 81.0%，销售额占比达到 64.4%。超短焦激光电视的规模有所下降，但相比大尺寸电视，其搬运安装方便、易入户。

（3）光源技术：2024 年，三色激光的销量占比突破 70%，较 2023 年大涨 15.8 个百分点。光峰、海信、坚果等品牌通过自研光机技术降低成本，促进了国产替代品的普及；同时，具有影响力和竞争力的企业也悉数布局了三色产品。

（4）光通量：2024 年，2 000～3 000 lm 的产品在家用激光投影市场中销量占比最高，达到 27.4%，但销售额有所下滑。随着众多入门级产品的上市，1 000 lm 以下和 1 000～2 000 lm 产品的销售额占比均有所增长。

（5）分辨率：2024 年，UHD 在家用激光投影市场占据着主导地位，销量占比达到 59.3%。坚果、极米等品牌推出了 4 000 元价位档的 4K 激光产品，带动销量占比提升了 8.7 个百分点。FHD 的销量占比、销售额占比则分别为 40.6%、20.5%。

（6）价格段：2024 年，5 000 元以下的家用激光投影产品的销量占比突破 50%，其他各价格段产品的销量占比均有所下滑。

3.2.5　2024 年中国显示器行业统计概况

目前，显示器已从单纯的输出设备，蜕变为融合美观、高效与多功能的科技结晶。数据线类型愈发多样，屏幕技术不断革新，接口兼容性持续提升，多屏同显功能带来便捷体验。这一系列发展不仅彰显了科技的进步与创新，还体现出人类对卓越视觉体验的不懈追求。

2024 年,中国显示器市场全渠道销量达到 2 202.2 万台,同比下降 3.5%;销售额为 232.8 亿元,同比下降 9.5%,呈现"量价齐跌"的市场态势。这一年,中国显示器市场展现出"技术升级、电竞驱动、价格下降、渠道革新"四大特征。一方面,消费需求持续分化,技术创新不断突破,电竞显示器和 Mini LED、OLED 等高端产品成为拉动市场增长的双引擎;另一方面,激烈的价格竞争与线上渠道主导地位的确立,进一步加速了市场格局的重塑进程。2022—2024 年中国显示器市场统计数据如表 3.6 所示。

表 3.6 2022—2024 年中国显示器市场统计数据

类别	类别明细	销量占比			销售额占比		
		2022 年	2023 年	2024 年	2022 年	2023 年	2024 年
渠道结构	线上	45.6%	46.6%	49.8%	45.2%	46.2%	48.4%
	线下	54.4%	53.4%	50.2%	54.8%	53.8%	51.6%
细分市场	电竞	43.2%	49.0%	60.8%	53.1%	60.6%	70.5%
	非电竞	56.8%	51.0%	39.2%	46.9%	39.4%	29.5%
分辨率	FHD	53.1%	51.2%	46.4%	34.4%	30.9%	29.1%
	QHD	29.0%	31.7%	38.8%	33.4%	36.5%	40.4%
	UHD	10.8%	10.8%	10.7%	22.4%	22.8%	22.9%
	其他	7.1%	6.3%	4.1%	9.8%	9.8%	7.5%
面板类型	IPS	67.6%	74.7%	81.9%	71.6%	74.8%	76.2%
	VA	28.6%	22.3%	14.2%	23.4%	19.4%	13.5%
	TN	3.5%	2.4%	2.8%	3.7%	3.2%	4.8%
	OLED	0.3%	0.6%	0.9%	1.3%	2.6%	5.1%
	其他	0.0%	0.0%	0.2%	0.0%	0.0%	0.4%
尺寸结构	24 英寸以下	9.7%	9.7%	8.1%	5.9%	5.5%	5.0%
	24 英寸	31.5%	32.2%	29.8%	18.6%	18.3%	18.1%

（续表）

类别	类别明细	销量占比			销售额占比		
		2022 年	2023 年	2024 年	2022 年	2023 年	2024 年
尺寸结构	24～27 英寸	2.0%	3.5%	9.3%	2.9%	4.3%	10.0%
	27 英寸	45.7%	45.0%	45.4%	52.5%	53.0%	51.3%
	27～32 英寸	2.5%	1.6%	0.6%	4.0%	2.6%	0.9%
	32 英寸	5.3%	4.9%	4.0%	8.8%	9.4%	9.1%
	32 英寸以上	3.3%	3.1%	2.8%	7.3%	6.9%	5.7%
屏幕比例	16：9	94.4%	94.9%	96.0%	91.3%	92.1%	93.4%
	21：9	4.1%	3.5%	2.8%	6.7%	6.0%	4.8%
	32：9	0.2%	0.1%	0.1%	0.8%	0.7%	0.6%
	其他	1.3%	1.5%	1.1%	1.2%	1.2%	1.1%
刷新率	60 Hz	22.0%	18.6%	11.9%	25.6%	21.0%	14.2%
	75 Hz	34.1%	27.6%	14.5%	20.1%	15.2%	7.4%
	100 Hz	0.6%	4.2%	12.2%	0.5%	2.4%	7.0%
	144 Hz	15.0%	11.9%	9.7%	16.7%	13.3%	9.3%
	165 Hz	20.2%	23.7%	12.9%	23.0%	23.7%	12.9%
	180 Hz	2.4%	6.5%	24.5%	3.4%	8.1%	21.2%
	240 Hz 及以上	3.7%	4.6%	8.5%	6.6%	9.5%	18.5%
	其他	2.0%	2.9%	5.9%	4.1%	6.8%	9.6%
屏幕形态	平面	84.6%	85.7%	92.1%	84.0%	84.8%	89.6%
	曲面	15.4%	14.3%	7.9%	16.0%	15.2%	10.4%
价格段	0～499 元	16.5%	18.7%	20.1%	5.0%	6.5%	7.5%
	500～999 元	39.6%	43.2%	48.2%	23.2%	27.7%	33.2%
	1 000～1 499 元	20.1%	17.8%	16.3%	21.2%	19.7%	19.5%
	1 500～1 999 元	12.6%	10.4%	7.5%	18.8%	15.7%	12.7%

（续表）

类别	类别明细	销量占比			销售额占比		
		2022 年	2023 年	2024 年	2022 年	2023 年	2024 年
价格段	2 000～2 499 元	4.8%	3.7%	2.5%	9.0%	7.3%	5.4%
	2 500～2 999 元	2.2%	1.7%	1.8%	5.6%	4.4%	4.7%
	3 000 元及以上	4.2%	4.5%	3.7%	17.2%	18.7%	17.0%

（1）细分市场：2024 年，游戏产业扩张推动高性能电竞显示器需求上升，高性价比产品加速行业升级。电竞用户对显示器刷新率的选择从 144 Hz/165 Hz 转变为 180 Hz/240 Hz，高刷新率显示器应用场景扩展至办公领域，带动电竞细分市场增长，销量占比达到 60.8%，同比增长 11.8 个百分点。

（2）分辨率：2024 年，虽然 FHD 显示器以最大销量占比保持主导地位，但较 2023 年下降 4.8 个百分点。同时，受电竞、设计、影视制作等领域对高质量视觉体验需求的推动，QHD 显示器销量占比显著提升至 38.8%。

（3）面板类型：2024 年，显示器市场仍然以 IPS 面板为主，产品销量占比达到 81.9%，较 2023 年增加了 7.2 个百分点。OLED 面板凭借卓越的技术优势、广泛的应用前景及不断的技术创新与成本降低，满足了市场对高品质显示的需求，渗透率持续提升，销量占比达到 0.9%。

（4）尺寸结构：2024 年，受面板切割经济性优化、需求场景精准适配及技术迭代成本降低的共同驱动，显示器尺寸趋向 24.5/27 英寸，其中，24.5 英寸的市场份额增至 8.9%，较 2023 年提升 5.9 个百分点。

（5）屏幕比例：2024 年，屏幕比例为 16∶9 的显示器凭借成熟的技术、内容兼容性强、成本优势及用户习惯延续，市场占有率进一步提升，而宽屏显示器因价格较高和应用场景受限，市场份额有所下滑。

（6）刷新率：2024 年，显示器刷新率持续升级，180 Hz 取代 144 Hz 及 165 Hz，销量占比最大，达到 24.5%，同比增长 18.0 个百分点；100 Hz 逐步替代 60 Hz 和 75 Hz，销量占比达到 12.2%，同比增长 8.0 个百分点；同时，200 Hz 和 240 Hz 等高刷新率产品的销量占比也显著增长。

（7）屏幕形态：2024 年，中国显示器市场中曲面屏产品的销量占比持续下降，降至 7.9%。这一现象主要受用户偏好转向平面屏、应用场景受限、电竞需求拉动乏力及性价比不足等因素影响。

（8）价格段：2024 年，显示器市场价格呈现显著下降趋势。其中，500～999 元价格区间的市场竞争尤为激烈，已成为头部品牌争夺的核心领域，该价格段的销量占比从 2023 年的 43.2% 攀升至 48.2%。同时，除 2 500～2 999 元这个区间外，1 000 元以上各价格区间的销量占比均出现不同程度的下滑。

3.2.6　2024 年中国智能平板行业统计概况

1. 中国智能平板行业

智能平板作为便携的移动终端，兼具办公、学习、娱乐等多种功能，正向多场景生产力设备转型，技术迭代与生态完善是其发展关键。

中国智能平板市场空间广阔，在全球市场中占据重要地位。2024 年，中国智能平板市场的销量达到 3 174.4 万台，同比增长 2.9%；销售额为 909.5 亿元，同比下降 0.7%。其中，满足消费者日常需求的产品占主导，销量占比达到 90.7%。智能平板在工业等场景中亦有少量应用，具有重要作用。

2024 年，中国智能平板市场进一步回暖。一方面，消费者对学习、灵活高效办公等方面的需求不断增加；另一方面，中低端价位产品不断丰富，叠加消费政策的刺激，降低了购买门槛，释放了市场需求。2022—2024 年中国智能平板市场统计数据如表 3.7 所示。

表 3.7　2022—2024 年中国智能平板市场统计数据

类别	类别明细	销量、销量占比			销售额、销售额占比		
		2022 年	2023 年	2024 年	2022 年	2023 年	2024 年
平板类型	学习平板	436.7 万台	472.1 万台	592.3 万台	118.0 亿元	138.5 亿元	190.6 亿元
	通用平板	2355.0 万台	2413.0 万台	2358.0 万台	711.8 亿元	717.7 亿元	662.7 亿元
	办公平板	116.2 万台	113.2 万台	117.4 万台	52.0 亿元	46.0 亿元	42.6 亿元
	阅读器	86.4 万台	85.9 万台	106.7 万台	10.8 亿元	13.5 亿元	13.6 亿元
屏幕技术	LCD	92.9%	92.8%	87.2%	92.5%	91.9%	83.3%
	OLED	3.4%	3.2%	4.7%	4.7%	5.0%	9.8%
	E-paper	3.7%	4.0%	8.1%	2.8%	3.2%	6.9%
分辨率	2K 以下	6.5%	6.5%	7.6%	2.6%	2.7%	5.4%
	2K	57.1%	56.0%	43.7%	59.8%	56.3%	41.0%
	2.5K	26.0%	20.3%	13.4%	31.3%	26.2%	13.3%
	2.5K 以上	1.4%	10.3%	29.2%	3.2%	12.3%	38.1%
	其他	9.0%	6.9%	6.1%	3.1%	2.5%	2.2%
屏幕尺寸	8 英寸以下	2.6%	4.2%	4.4%	1.2%	2.0%	2.2%
	8～10 英寸	5.8%	3.4%	3.8%	6.0%	3.1%	4.2%

（续表）

类别	类别明细	销量			销售额		
		2022 年	2023 年	2024 年	2022 年	2023 年	2024 年
屏幕尺寸	10～12 英寸	73.2%	72.9%	66.7%	71.5%	70.1%	66.2%
	12～14 英寸	13.4%	16.2%	23.9%	15.8%	19.7%	25.1%
	14 英寸以上	5.0%	3.3%	1.2%	5.5%	5.1%	2.3%
价格段	0～999 元	9.5%	10.5%	15.4%	1.1%	2.8%	4.2%
	1 000～1 999 元	25.3%	25.0%	23.0%	13.8%	12.9%	13.0%
	2 000～2 999 元	29.6%	25.5%	28.0%	26.5%	21.4%	24.8%
	3 000～3 999 元	15.9%	16.4%	14.6%	19.6%	19.3%	18.5%
	4 000～4 999 元	7.3%	9.2%	8.5%	11.4%	14.1%	13.9%
	5 000～5 999 元	5.5%	6.2%	4.4%	10.3%	11.4%	8.5%
	6 000 元及以上	6.9%	7.2%	6.1%	17.3%	18.1%	17.1%

（1）屏幕技术：2024 年，智能平板的屏幕类型仍以 LCD 为主，销量占比为 87.2%，较 2023 年下降 5.6 个百分点。E-paper（电子纸）产品主要受学习平板屏幕应用加快的影响，销量占比由 2023 年的 4.0% 增加至 2024 年的 8.1%；2024 年也是 OLED 产品加快渗透的一年，受头部企业布局带动，销量占比提升至 4.7%。

（2）分辨率：2024 年，高分辨率发展仍然是主要趋势。分辨率超过 2.5 K 的产品销量占比大幅提升至 29.2%，较 2023 年增加 18.9 个百分点，较 2022 年增加 27.8 个百分点。近几年，智能平板的分辨率快速提高。

（3）屏幕尺寸：2024 年，智能平板屏幕的尺寸仍以 10～12 英寸为主，销量占比达到 66.7%，同比下降 6.2 个百分点。12～14 英寸产品销量占比上升明显，由 2023 年的 16.2%上升至 2024 年的 23.9%。由于学习和灵活高效办公需求的逐步增加，智能平板的生产力设备属性逐步凸显，带动适当的大屏化发展并成为趋势。

（4）价格段：2024 年，智能平板产品价格段下移现象较为明显。随着国内品牌竞争趋于激烈，1 000 元以下低端产品销量占比同比增长 4.9 个百分点，3 000 元以上产品销量占比均呈下滑态势。

2. 中国学习平板行业

中国学习平板市场规模快速扩张，2024 年，中国学习平板市场的销量达到 592.3 万台，同比增长 25.5%；销售额达到 190.6 亿元，同比增长 37.6%。

学习平板市场的强劲发展势头，主要得益于家长和学生对于高质量教育资源和教育硬件的迫切且持续的需求，这成为推动市场长期保持高速增长的主要动力。2022—2024 年中国学习平板市场统计数据如表 3.8 所示。

表 3.8　2022—2024 年中国学习平板市场统计数据

类别	类别明细	销量占比			销售额占比		
		2022 年	2023 年	2024 年	2022 年	2023 年	2024 年
屏幕技术	LCD	98.6%	92.1%	86.6%	95.3%	91.9%	85.3%
	OLED	0.4%	0.1%	0.0%	0.6%	0.1%	0.0%
	E-paper	1.0%	7.8%	13.4%	4.1%	8.0%	14.7%
分辨率	2K 以下	12.5%	11.9%	19.2%	6.9%	3.1%	17.0%
	2K	61.1%	67.0%	58.3%	72.7%	72.3%	48.9%

（续表）

类别	类别明细	销量占比			销售额占比		
		2022 年	2023 年	2024 年	2022 年	2023 年	2024 年
分辨率	2.5K	3.4%	8.4%	11.0%	9.1%	19.4%	20.5%
	2.5K 以上	0.0%	0.2%	4.2%	0.0%	0.4%	10.8%
	其他	23.0%	12.5%	7.3%	11.3%	4.8%	2.8%
屏幕尺寸	8 英寸以下	2.3%	8.3%	2.3%	1.5%	1.5%	0.5%
	8～10 英寸	10.4%	5.4%	2.5%	6.2%	1.4%	0.5%
	10～12 英寸	54.0%	55.4%	54.7%	45.8%	48.3%	43.0%
	12～14 英寸	19.7%	20.5%	32.4%	25.6%	32.6%	42.0%
	14 英寸以上	13.6%	10.4%	8.1%	20.9%	16.2%	14.0%
价格段	0～999 元	16.7%	17.0%	12.0%	4.5%	3.3%	2.8%
	1 000～1 999 元	46.3%	31.5%	26.8%	26.4%	17.5%	14.6%
	2 000～2 999 元	7.4%	6.8%	14.7%	7.5%	5.8%	12.0%
	3 000～3 999 元	12.0%	14.3%	23.3%	16.1%	17.9%	27.4%
	4 000～4 999 元	11.4%	20.3%	9.9%	18.7%	31.5%	14.2%
	5 000～5 999 元	2.0%	5.5%	1.9%	3.8%	10.1%	3.4%
	6 000 元及以上	4.2%	4.6%	11.4%	23.0%	13.9%	25.6%

（1）屏幕技术：2024 年，LCD 产品仍占据主导地位，但销量占比下滑至 90% 以下。E-paper 产品的销量占比进一步提升，达到 13.4%，但增速较 2023 年有所放缓。E-paper 产品的类纸性和护眼优势仍受到市场欢迎，但 LCD 产品的护眼方案正逐渐多样化。

（2）分辨率：2024 年，2 K 以下分辨率产品的销量占比达到 19.2%，同比增长 7.3 个百分点，这一增长主要得益于 E-paper 产品的畅销。同时，高分辨率仍然是发展方向，2.5 K 及以上分辨率产品的销量占比提升至 15.2%，同比增长 6.6 个百分点，这一增长主要受到高价位产品销量增长的推动。

（3）屏幕尺寸：2024 年，10～12 英寸仍是学习平板的主流尺寸，占一半以上的销量占比。同时，12～14 英寸产品的销量占比达到 32.4%，同比增长 11.9 个百分点，同样受到高价位产品销量增长的推动。10 英寸以下产品的销量占比下滑 8.9 个百分点，这主要是由于佩戴类的非学习平板终端抢占了小屏学习平板的部分市场。

（4）价格段：2024 年，市场高端化趋势持续，中高价位产品销量占比提升明显。1 000～1 999 元产品仍然占最大份额，销量占比达到 26.8%，但同比下降 4.7 个百分点。3 000～3 999 元产品的销量占比达到 23.3%，同比增加了 9.0 个百分点。同时，6 000 元及以上产品的销量占比达到 11.4%，同比增加 6.8 个百分点。家长和学生对学习平板的消费习惯正逐步向更高价位的产品升级。

3.2.7　2024 年中国 XR 设备行业统计概况

2024 年，XR 和元宇宙行业依然面临设备硬件技术突破难度大、使用场景匮乏的挑战。苹果公司在 2024 年上半年推出的 Vision Pro 产品，尽管备受瞩目，但因其价格高昂和佩戴体验不佳，未能在消费市场获得预期的热烈反响，也未能有效推动整个行业的增长。然而，Meta 与 Ray Ban 合作推出的 AI 拍摄眼镜 Ray Ban Meta 在海外市场取得了成功。在智能硬件 AI 化趋势的推动下，各品牌与资本纷纷涌入 AI 智能眼镜领域。得益于有利的市场环境，国内 AR 与智能眼镜市场在 2024 年下半年实现了快速的增长。

2024 年，中国消费级 XR 设备（包括 AR 设备和 VR 设备）的销量为 53.6 万台，同比下降 12.5%；销售额为 17.5 亿元，同比下降 9.3%。其中，VR（虚拟现实）设备全年销量为 26.9 万台，同比下降 51.0%；销售额为 9.8 亿元，同比下降 28.1%。AR 设备全年销量为 20.2 万台，同比增长 115.0%；销售额为 5.8 亿元，同比增长 66.1%。智能眼镜作为 XR 技术的衍生产品，也实现了大幅增长，2024 年全渠道销量为 16.7 万副，销售额为 1.8 亿元，同比增长 44.0%。2022—2024 年中国消费级 XR 市场统计数据如表 3.9 所示。

表 3.9　2022—2024 年中国消费级 XR 市场统计数据

类别	类别明细	销量占比			销售额占比		
		2022 年	2023 年	2024 年	2022 年	2023 年	2024 年
产品类型	VR 设备	89.9%	67.0%	50.2%	88.6%	70.2%	55.9%
	AR 设备	10.1%	33.0%	49.8%	11.4%	29.8%	44.1%

1. 中国 VR 设备行业

在 VR 领域，2024 年 2 月苹果公司推出了 Vision Pro，该产品随后在海外市场上市。同年 8 月，抖音集团在中国发布了 PICO 4 Ultra。尽管这两款产品来自行业领先品牌，但它们的推出并未能显著提升整个行业的市场活力。此外，谷歌、Meta 等品牌减少了在消费级高端领域的投资，导致整体市场在新产品开发方面表现平平。2022—2024 年中国消费级 VR 市场统计数据如表 3.10 所示。

表 3.10　2022—2024 年中国消费级 VR 市场统计数据

类别	类别明细	销量占比			销售额占比		
		2022 年	2023 年	2024 年	2022 年	2023 年	2024 年
屏幕类型	Fast LCD	96.2%	94.2%	88.6%	90.3%	87.9%	80.1%
	Micro OLED	1.5%	4.0%	3.9%	2.5%	7.6%	12.2%
	其他	2.3%	1.8%	7.5%	7.2%	4.5%	7.7%
光学方案	Pancake	30.0%	77.9%	75.0%	26.8%	71.2%	75.2%
	菲涅耳	61.7%	16.8%	13.8%	64.8%	19.8%	12.2%
	双非球面	7.8%	5.1%	10.6%	7.5%	8.8%	12.0%
	其他	0.5%	0.2%	0.6%	0.9%	0.2%	0.6%

（1）屏幕类型：在 VR 市场中，随着 Fast LCD 技术的不断进步，该技术有效解决了分辨率的纱窗效应，提高了响应速度和刷新率，且拥有较高的量产稳定性和良品率。因此，该技术在效果与成本效益方面均表现出色，已成为目前大多数 VR 设备的首选。尽管 Micro OLED 技术不断成熟，国内企业在量产和良品率上进步加快，但 Micro OLED 屏幕应用于 VR 设备中的物料成本较高，在市场整体行情下应用 Micro OLED 产品的销量占比未能相应提升。

（2）光学方案：在 VR 市场中，光学方案沿着"双非球面—菲涅耳—Pancake"的路径发展。此前，菲涅耳方案因低成本和可控的成像质量，成为 VR 产品的主流方案。随着消费者对 VR 的重量体积、成像质量、佩戴体验提出更高的要求，折叠光路原理的 Pancake 方案凭借轻薄优势和优秀的成像质量，以及趋于成熟的量产工艺，成为 VR 光学技术的进化方向。然而，在 2024 年 VR 市场推新放缓的环境下，Pancake 方案在 VR 市场的销量占比下滑至 75.0%。

2. 中国 AR 设备行业

目前，市场上的主流 AR 眼镜主要可以分为分体式和一体式。分体式 AR 眼镜不具备独立计算单元，需要与外部设备（智能手机、平板计算机、PC 或专用的计算模块）连接，以获取计算能力和电源。一体式 AR 眼镜则内置了处理器、存储器、传感器和电源等必要组件，具备独立运算能力。得益于 Micro OLED 屏幕在分体式 AR 眼镜中的广泛应用和 BirdBath 技术的成熟，分体式 AR 眼镜成为当下 XR 穿戴设备中平衡视听效果、使用体验、成本价格的最成熟方案，率先在市场中取得良好表现。2024 年，随着 AI 与 AR 的结合及 AI 眼镜概念的兴起，轻薄形态的一体式 AR 眼镜的销量占比相应地有所提升。2022—2024 年中国消费级 AR 市场统计数据如表 3.11 所示。

表 3.11　2022—2024 年中国消费级 AR 市场统计数据

类别	类别明细	销量占比			销售额占比		
		2022 年	2023 年	2024 年	2022 年	2023 年	2024 年
屏幕类型	Fast LCD	31.6%	3.1%	2.1%	39.6%	3.2%	1.3%
	Micro OLED	67.8%	91.9%	84.9%	55.9%	89.8%	84.9%
	Micro LED	—	4.6%	12.6%	—	5.1%	13.0%
	其他	0.6%	0.4%	0.4%	4.5%	1.9%	0.8%
光学方案	BirdBath	91.9%	88.5%	80.7%	84.9%	89.3%	77.6%
	光波导	5.6%	10.6%	18.8%	13.9%	8.5%	21.8%
	自由曲面	1.7%	0.9%	0.2%	1.1%	2.2%	0.2%
	其他	0.8%	0.1%	0.4%	0.1%	0.0%	0.4%

（1）屏幕类型：在 AR 市场中，Micro OLED 继续占主导地位。在全

球范围内，日本索尼（SONY）以高品质的 Micro OLED 屏幕长期处于领先地位。国内企业，如京东方和视涯为主要出货企业，而芯视佳、湖畔光电、睿显科技等企业正逐渐崭露头角。分体式 AR 眼镜在 AR 市场中的主导地位使 Micro OLED 类型产品的销量占比稳定保持在 84.9%。同时，Micro LED 凭借 AI＋AR 产品生态位的提高渗透加快，销量占比达到 12.6%，同比增加了 8.0%。

（2）光学方案：在 AR 市场中，BirdBath 是目前 AR 眼镜产品最常用的方案，它良好地兼顾了显示效果清晰和便携、佩戴舒适。与光波导产品相比，BirdBath 方案成本低、良品率高，现阶段易于量产，产品价格区间能被消费者接受，因此采用 BirdBath 方案的 AR 产品仍占据市场主要份额。2024 年，BirdBath 方案在 AR 市场中的销量占比达到 80.7%。随着 AI＋AR 概念的持续升温，光波导产品的量产进程受到推动，其销量占比也随之提升，对市场加速渗透起到积极作用。预计未来光波导方案将广泛应用于高端 AR 眼镜产品中，而 AR 市场将逐步被采用光波导方案的一体式眼镜主导。

3.2.8 2024 年中国机顶盒行业统计概况

我国广播电视传输体系持续优化和升级，有线电视、直播卫星、IPTV/OTT TV 三大渠道形成差异化覆盖格局。其中，直播卫星重点保障农村及偏远地区基础收视需求。2024 年，行业深入推进终端智能化改革，重点落实"机盒一体化"技术规范，推动电视与网络接收设备深度适配，通过硬件集成化、系统开源化等方式降低用户使用门槛。与 2023 年启动的电视"套娃"收费治理形成政策协同，在简化付费体系的基础上进一步优化终端体验，带动 4K/8K 超高清内容传输标准迭代。

第 3 章　中国电子视像行业消费级终端运行概况

2024 年中国机顶盒整体销量为 4 810.0 万台，相比 2023 年增长 165.0 万台，市场呈现回暖态势。2022—2024 年中国机顶盒市场统计数据如表 3.12 所示。

表 3.12　2022—2024 年中国机顶盒市场统计数据

类别	类别明细	销量/万台		
		2022 年	2023 年	2024 年
	整体销量	5 767.3	4 645.0	4 810.0
传输渠道	IP 机顶盒	4 462.0	3 523.5	3 850.0
	有线机顶盒	1 080.0	887.5	782.3
	直播卫星机顶盒	154.3	313.3	177.7

（1）IP 机顶盒：中国 IP 机顶盒市场主要包括 IP 机顶盒运营商市场和 IP 机顶盒零售市场。2024 年，中国 IP 机顶盒市场的销量达到 3 850.0 万台。相比 2023 年，IP 机顶盒市场的销量增长 326.5 万台，4 K/8 K 超高清普及、语音交互技术升级共同驱动了换机需求，同时政策扶持也共同推动了 IP 机顶盒市场的增长。

（2）有线机顶盒：2024 年，有线机顶盒销量为 782.3 万台，同比下降 11.9%，但市场结构呈现高端化升级特征。4 K 机顶盒的销量占比首超 80.4%（628.5 万台），高清机顶盒占比下降至 19.6%，标清设备基本退出新增市场。

（3）直播卫星机顶盒：我国直播卫星机顶盒行业进入深度调整期，市场呈现"存量优化与增量创新"并行的特点。受前期政策驱动及市场饱和影响，2024 年直播卫星机顶盒的销量回落至 177.7 万台，主要因为标清设备替换需求收窄，行业重心转向存量用户的高清化升级与服务质量提升。行业面临农村用户换机动力不足、互联网平台内容竞争等挑战。

OTT 盒子作为客厅影视服务变革的产物，经历了明显的兴衰周期。2010 年安卓系统的普及推动了 OTT 盒子的崛起，2011 年销量突破百万台。随后，山寨产品的泛滥使市场规模迅速突破千万台。在此过程中，国家广播电视总局通过"181 号文"等政策加强内容监管，规范市场运营，但 2016 年后，随着智能电视普及、运营商 IPTV 盒子竞争加剧，叠加投屏工具兴起，行业空间逐步收缩。2017 年，OTT 盒子市场呈下滑态势，原因包括政策持续收紧、智能电视渗透率饱和、电视开机率走低、竞品挤压等多重因素。

2024 年，国家政策大力推动"研发推广插入式微型机顶盒、推进机顶盒内置化"，进一步加速了市场容量的收缩。这一导向与国家广播电视总局、电信运营商近年策略形成共振：早年通过有线盒子和 IPTV 硬件争夺用户，如今以同轴直连电视、内置机顶盒的定制电视、软终端等方案持续推进"去机顶盒化"。OTT 盒子或将逐步蜕变为特定场景的补充型终端，其单体市场空间将随内置化进程加速收窄。2024 年，中国 OTT 盒子市场的销量达到 249.4 万台，同比下降 20.4%；销售额为 4.8 亿元，同比下降 26.2%。2022—2024 年中国 OTT 盒子市场统计数据如表 3.13 所示。

表 3.13　2022—2024 年中国 OTT 盒子市场统计数据

类别	类别明细	销量占比			销售额占比		
		2022 年	2023 年	2024 年	2022 年	2023 年	2024 年
分辨率	HD	0.10%	0.40%	—	0.00%	0.10%	—
	FHD	4.90%	0.30%	0.00%	2.60%	0.20%	0.00%
	UHD	94.90%	98.90%	99.00%	97.20%	98.00%	95.50%
	其他	0.10%	0.40%	1.00%	0.20%	1.70%	4.50%
芯片核数	四核	92.00%	95.70%	98.60%	83.80%	88.70%	93.80%
	六核	1.40%	0.80%	0.30%	4.60%	2.60%	1.10%

（续表）

类别	类别明细	销量占比			销售额占比		
		2022 年	2023 年	2024 年	2022 年	2023 年	2024 年
芯片核数	八核	6.50%	3.50%	1.10%	11.50%	8.70%	4.60%
	其他	0.10%	0.02%	0.10%	0.10%	0.01%	0.50%
语音识别	近场	45.10%	41.30%	35.40%	64.90%	66.90%	62.90%
	远场	0.40%	0.20%	0.20%	1.80%	0.70%	0.70%
	不支持	54.50%	58.50%	64.40%	33.30%	32.40%	36.40%
摄像头	支持	0.50%	0.20%	0.20%	2.00%	0.80%	0.70%
	不支持	99.50%	99.80%	99.80%	98.00%	99.20%	99.30%
价格段	0～99 元	30.00%	32.80%	40.60%	11.20%	12.40%	17.10%
	100～199 元	31.80%	33.60%	30.00%	22.00%	24.20%	23.00%
	200～299 元	17.90%	13.60%	11.60%	21.90%	18.20%	16.40%
	300～399 元	11.00%	10.60%	8.50%	17.90%	17.60%	15.00%
	400～499 元	3.20%	4.80%	5.50%	6.80%	10.80%	13.10%
	500 元及以上	6.10%	4.60%	3.70%	20.20%	16.80%	15.30%

（1）分辨率：2024 年，UHD 产品的销量占比达到 99.00%，同比增长 0.10 个百分点。8 K 超高清产业加速推进，面板制造、编解码标准等关键技术取得突破，5G＋8K 直播在多领域应用落地。支持 8 K 解码的 OTT 盒子也陆续进入市场，份额增长至 1.00%。

（2）芯片核数：2024 年，四核产品的销量占比为 98.60%，同比增长 2.90 个百分点。其成熟架构足以支撑视频解码等核心需求。尽管部分厂商力推八核等高性能方案，但因其功耗较大，展现的性能也无法支撑溢价，最终大部分用户更倾向于选择性价比更高的四核方案。

（3）语音识别与摄像头：语音识别与摄像头的搭载将 OTT 盒子升级为家庭智能中枢，支持视频通话、体感交互，并联动智能家居设备，拓展大屏生态价值。2024 年，配备近场语音交互功能产品的销量占比为 35.40%；配备远场语音和摄像头功能产品的销量占比一直未能突破 1.00%，在场景拓展、高端普及等方面，依然没有取得实质性的提升。

（4）价格段：OTT 盒子市场主销价格段为 0～99 元和 100～199 元，其中 0～99 元的市场销量占比达到 40.60%，涨幅最大，同比增加 7.80 个百分点。低价产品的配置接近整体市场平均水平，多为四核、4 K、1 GB＋8 GB，性价比比较高，因此获得消费者青睐。

3.3 2022—2024 年中国电子视像行业消费级音频终端数据汇总

2022—2024 年中国电子视像行业消费级音频终端数据如表 3.14 所示。

表 3.14 2022—2024 年中国电子视像行业消费级音频终端数据

品类	销量/万台			销售额/亿元		
	2022 年	2023 年	2024 年	2022 年	2023 年	2024 年
行业整体	22 619.9	24 786.3	25 900.1	470.1	514.7	540.3
耳机/耳麦	17 577.7	20 214.4	21 752.1	333.6	390.3	428.7
蓝牙音箱	2 326.7	2 370.3	2 488.2	51.4	53.7	58.5
智能音箱	2 631.3	2 110.9	1 570.4	75.3	59.4	42.0
回音壁	84.2	90.7	89.4	9.8	11.3	11.1

3.4　2024 年中国电子视像行业消费级音频终端运行概述

3.4.1　2024 年中国耳机/耳麦行业统计概况

在"一人多机"的潮流席卷之下，2024 年迎来了一机多用的新理念，与生成式 AI 技术、多样化佩戴类型相辅相成，助力市场进一步扩大、持续增长。2024 年，中国耳机/耳麦市场的销量达到 21 752.1 万台，同比增长 7.6%；销售额达到 428.7 亿元，同比增长 9.8%。

技术升级促进了耳机/耳麦的差异化竞争愈发专业和精细。2024 年，AI 耳机兴起，耳机作为智慧载体，融入商务办公、情感陪伴、户外运动等多种场景中，逐渐成为智慧生态链的一部分。随着技术的成熟，AI 耳机与其他智能终端的交互能力得到加强，进入门槛相应降低，吸引了更多对价格敏感的消费者尝试新体验。

政策支持与新兴渠道的发展进一步激发了市场的整体活力。对新生消费主力军 Z 世代（一般指 1995—2009 年出生者）来说，他们在社交媒体平台，如抖音、快手、拼多多，以及以小红书、B 站为首的内容创作平台上，通过 UGC（User-generated Content，用户生产内容）、PGC（Professionally-generated Content，专业生产内容）、OGC（Occupationally-generated Content，职业生产内容）等多种形式，展现了不同类型的高性价比耳机/耳麦在电竞、运动、生活等不同场景中满足人们细化需求的内容，进一步激发了消费者的购买欲。在耳机/耳麦市场中，耳机/耳麦与定价中低端的高性价比产品相辅相成，推动了传统的"人找货"模式向"货找人"模式的转变。

在经历了高速增长阶段之后，市场整体稳中有进，调整主要集中在新技术的引入与原有技术方向的升级。各头部品牌进一步丰富了渠道布局、产品价格段与形态布局。2022—2024 年中国耳机/耳麦市场统计数据如表 3.15 所示。

表 3.15 2022—2024 年中国耳机/耳麦市场统计数据

类别	类别明细	销量占比			销售额占比		
		2022 年	2023 年	2024 年	2022 年	2023 年	2024 年
渠道结构	线上	90.7%	90.7%	90.6%	73.0%	73.0%	72.0%
	线下	9.3%	9.3%	9.4%	27.0%	27.0%	28.0%
佩戴类型	有线入耳	18.6%	16.3%	14.5%	9.4%	7.1%	4.9%
	真无线	59.0%	61.3%	66.5%	66.5%	68.5%	68.3%
	头戴式	9.7%	10.6%	12.5%	14.2%	17.5%	20.6%
	颈挂式	10.7%	7.1%	5.5%	8.9%	6.1%	5.8%
	其他	2.0%	4.7%	1.0%	1.0%	0.8%	0.4%
应用场景	商务办公	0.1%	0.3%	0.4%	0.1%	0.6%	1.3%
	游戏电竞	0.9%	1.8%	5.4%	1.5%	2.9%	6.4%
	健康运动	0.7%	1.2%	2.5%	1.3%	2.5%	3.4%
	其他	98.3%	96.7%	91.7%	97.1%	94.0%	88.9%
入耳形态	开放式	8.8%	12.0%	20.4%	7.5%	12.9%	19.7%
	非开放式	91.2%	88.0%	79.6%	92.5%	87.1%	80.3%
开放式形态	真无线耳夹	21.7%	30.1%	22.7%	15.8%	27.9%	25.8%
	真无线耳挂	22.5%	46.2%	70.0%	16.1%	50.5%	54.9%
	颈挂	50.5%	8.7%	7.0%	65.7%	20.9%	18.0%
	其他	5.3%	15.0%	0.3%	2.4%	0.7%	1.3%

（续表）

类别	类别明细	销量占比			销售额占比		
		2022 年	2023 年	2024 年	2022 年	2023 年	2024 年
AI 耳机	AI 耳机	0.0%	0.1%	0.3%	0.0%	0.2%	1.3%
	非 AI 耳机	100.0%	99.9%	99.7%	100.0%	99.8%	98.7%
价格段	0～99 元	62.7%	60.7%	56.0%	20.5%	16.1%	12.7%
	100～199 元	22.7%	23.0%	24.8%	24.9%	20.6%	18.7%
	200～299 元	5.7%	6.4%	6.4%	10.2%	9.6%	8.4%
	300～499 元	4.1%	4.5%	5.2%	7.5%	10.7%	10.6%
	500～799 元	1.2%	1.4%	2.1%	4.2%	5.4%	7.0%
	800～999 元	0.5%	0.7%	0.8%	3.5%	3.9%	3.9%
	1 000～1 499 元	1.4%	1.6%	2.6%	10.2%	12.4%	16.5%
	1 500～1 999 元	1.3%	1.4%	1.5%	13.9%	14.5%	13.0%
	2 000 元及以上	0.4%	0.4%	0.5%	5.1%	6.9%	8.9%

（1）渠道结构：因为耳机/耳麦市场中头部的耳机厂商推出新品及降价，且新品发布价格基本在千元以上，所以线下销量及销售额的占比均略有扩大。2024 年中国耳机/耳麦市场线下渠道销量占比达到 9.4%，较 2023 年增长 0.1 个百分点，线下渠道销售额占比达到 28.0%，较 2023 年增长 1.0 个百分点。

（2）佩戴类型：由于开放式形态持续涌入真无线市场，真无线耳机份额持续扩大。2024 年，真无线耳机的销量占比达到 66.5%，销售额占比达到 68.3%。尽管颈挂式耳机的头部厂商推出了新产品，但由于开放式设计被真无线耳机分流，以及白牌厂商在完成收割后逐渐退出市场，颈挂式耳机的销量占比持续下降。头戴式耳机产品得益于头部厂商推出高端新品及旗舰机型降价，同时游戏头戴式耳机销量在市场中保持上升趋势，其销售额占比增长超过了销量占比增长。

（3）应用场景：2024 年，耳机/耳麦产品应用于不同场景，发挥特定作用的细分化、专业化趋势愈发明显。其中，商务办公与健康运动源自 AI 技术的发展，游戏电竞则更多受到 2024 年中国电竞在瓦罗兰特赛事上的夺冠表现及国产 3A 大作《黑神话：悟空》流行的影响。游戏电竞耳机通过与冠军战队联名、买耳机送《黑神话：悟空》等操作，进一步扩大市场份额，销量占比达到 5.4%，销售额占比达到 6.4%，较 2023 年分别提升了 3.6 个和 3.5 个百分点。

（4）入耳形态：健康概念逐渐成为新潮时尚、新风向标，开放式多种形态持续拓宽市场。音频、手机等头部厂商的加入，助力 2024 年开放式市场的销量占比达到 20.4%，销售额占比达到 19.7%。市场发展从原先的防水防汗和定向传音功能转向功能与外观的双重提升，AI 降噪技术与新潮饰品为开放式耳机的销量和销售额增长带来了新活力。

（5）开放式形态：耳机/耳麦市场中的外观形态主要分为颈挂和真无线，其中真无线又分为真无线耳挂和真无线耳夹。2024 年，随着耳挂式耳机/耳麦中的头部厂商推出新品，新品附带了智能问答、运动解决方案提供、心率血氧检测等诸多功能，整体技术升级明显；许多国产厂商也推出了真无线耳挂形态的产品，销量占比达到 70.0%，销售额占比达到 54.9%，代表此形态已逐渐成为开放式耳机市场的主流。

（6）AI 耳机：2024 年，随着生成式 AI 的火爆及接入硬件产品的技术逐渐成熟，相关产品的价格布局逐渐丰富，背后的大模型也越发成熟，入局的厂商数量也逐渐增多，呈现出耳机成为生产工具、生活帮手的趋势。AI 耳机销量占比达到 0.3%，销售额占比达到 1.3%。

（7）价格段：2024 年，500 元以下产品持续混战，500 元以上产品的份额扩大明显，得益于头部厂商推出新品，以及引入 AI 后产品技术升级。高端头部厂商推出新产品并结合 AI 技术的加入，推动了整体市场的销售额增长超过销售量增长。1 000～1 499 元价格段产品以 2.6%的销量占比，得到了 16.5%的销售额占比，手机厂商与互联网厂商的 AI 耳机产品大多属于此价格段，助力 1 000～1 499 元价格段产品市场份额明显提升。

3.4.2　2024 年中国蓝牙音箱行业统计概况

中国蓝牙音箱市场在经历了 2020—2022 年连续三年销量下降之后，从 2023 年起，市场开始企稳回升。2024 年，随着产品结构升级和场景多样化的趋势更加显著，各类高颜值、创新型的产品层出不穷，家居式桌面音箱、K 歌音箱和一体式电竞音箱等产品市场的成长，共同推动了整体市场的增长及进一步的增速。2024 年，中国蓝牙音箱市场的销量为 2 488.2 万台，同比增长 5.0%；销售额为 58.5 亿元，同比增长 8.9%，产品均价有所提升。2022—2024 年中国蓝牙音箱市场统计数据如表 3.16 所示。

表 3.16　2022—2024 年中国蓝牙音箱市场统计数据

类别	类别明细	销量占比			销售额占比		
		2022 年	2023 年	2024 年	2022 年	2023 年	2024 年
渠道结构	线上	83.6%	84.6%	86.3%	81.8%	82.9%	83.9%
	线下	16.4%	15.4%	13.7%	18.2%	17.1%	16.1%
产品类型	便携音箱	48.0%	49.4%	52.8%	36.8%	36.9%	35.1%

（续表）

类别	类别明细	销量占比			销售额占比		
		2022 年	2023 年	2024 年	2022 年	2023 年	2024 年
产品类型	桌面音箱	6.0%	6.2%	6.6%	34.9%	35.6%	37.4%
	电脑音箱	32.6%	31.8%	30.6%	14.0%	13.7%	14.6%
	其他	13.4%	12.6%	10.0%	14.3%	13.8%	12.9%
续航时间	10h 及以上	36.2%	38.5%	39.8%	36.5%	38.8%	40.0%
	10h 以下	63.8%	61.5%	60.2%	63.5%	61.2%	60.0%
RGB 灯效	有 RGB 灯效	20.7%	25.7%	33.9%	22.5%	28.6%	32.8%
	无 RGB 灯效	79.3%	74.3%	66.1%	77.5%	71.4%	67.2%
K 歌功能	有麦克风	14.3%	16.8%	20.2%	16.5%	18.4%	18.8%
	无麦克风	85.7%	83.2%	79.8%	83.5%	81.6%	81.2%
防水防尘	有 IPX 防水防尘	16.5%	18.1%	20.2%	16.9%	18.6%	20.4%
	无 IPX 防水防尘	83.5%	81.9%	79.8%	83.1%	81.4%	79.6%
价格段	0～199 元	75.0%	76.6%	74.5%	22.8%	20.6%	18.8%
	200～499 元	14.8%	12.8%	13.7%	18.0%	14.6%	14.4%
	500～999 元	3.6%	3.8%	4.1%	9.2%	10.0%	10.3%
	1 000～1 999 元	3.5%	4.1%	4.3%	22.4%	22.5%	21.9%
	2 000～2 999 元	2.1%	1.8%	2.5%	12.8%	15.0%	19.3%
	3 000 元及以上	1.0%	0.9%	0.9%	14.8%	17.3%	15.3%

（1）渠道结构：中国蓝牙音箱的销售主要以线上渠道为主。近年来，随着抖音、拼多多、快手等社交电商和直播电商的兴起，线上市场占比不断提升，2024 年中国蓝牙音箱市场线上渠道销量占比达到 86.3%，较 2023 年增长 1.7 个百分点；销售额占比达到 83.9%，较 2023 年增长 1.0 个百分点。

（2）产品类型：2024 年，便携音箱市场中，绑定麦克风销售的便携 K 歌音箱凭借各类创新型 RGB 彩灯外观和卡通 IP 化设计，销量实现大幅增长。便携 K 歌音箱主要以低端产品为主，是便携音箱销量占比增长的主要驱动力。2024 年，桌面音箱的销售额占比达到 37.4%，同比增长 1.8 个百分点。桌面音箱销售额占比的增长主要由中高端家居式桌面音箱推动，产品外观更加精致、漂亮，材质更具多样性，发挥了产品的摆件装饰功能，除聆听音乐外，还能起到美化空间的作用。在电脑音箱市场中，相对低端的 2.0 和 2.1 分体式电脑音箱的市场份额持续下滑，导致销量减少。中高端产品一体式电竞音箱的爆发，推动该产品在 2024 年销售额占比达到 14.6%，较 2023 年增长 0.9 个百分点。

（3）续航时间：续航时间是户外便携蓝牙音箱产品的重要参数指标，消费者更青睐于选择续航时间更持久的产品。2024 年，电池续航时间在 10 h 及以上产品市场的销量占比为 39.8%，同比增长 1.3 个百分点。大容量电池带来的产品过重问题会使产品便携性下降，在产品研发上厂商需要更加关注功能上的平衡。

（4）RGB 灯效：近几年，越来越多的蓝牙音箱加入了 RGB 灯效功能，该功能在便携音箱和电脑音箱两个细分市场的渗透率较高。绚丽的彩色灯光效果受到了年轻消费者的喜爱，2024 年带有 RGB 灯效产品市场的销量占比为 33.9%，同比增长 8.2 个百分点。

（5）K 歌功能：2024 年，具有 K 歌功能的音频设备快速增长，绑定麦克风销售的蓝牙音箱产品逐渐增多，户外及室内具有 K 歌功能的产品销量均实现大幅增长。2024 年，绑定麦克风销售的蓝牙音箱产品的市场销量占比达到 20.2%，同比增长 3.4 个百分点。

（6）防水功能：随着登山、露营等户外使用场景需求的增加，便携音箱市场持续增长，防水防尘则是便携音箱市场中消费者关注的重要指标。2024 年，带有 IPX 防水防尘功能的产品市场销量占比为 20.2%，同比增长 2.1 个百分点。

（7）价格段：中国蓝牙音箱市场呈两极化发展趋势，2024 年低端和高端市场份额均呈下降趋势。其中，200 元以内产品市场的销量占比下降至 74.5%，但仍处于市场主导地位；3 000 元及以上高端市场销售额占比下降至 15.3%，同比下降 2.0 个百分点，高端市场消费降级趋势显著。由一体式电竞音箱和便携 K 歌音箱推动增长，200～499 元区间产品市场的销量占比实现增长，达到 13.7%，同比增长 0.9 个百分点。2 000～2 999 元市场份额则由家居式桌面音箱驱动增长，销售额占比为 19.3%，同比增长 4.3 个百分点。

3.4.3　2024 年中国智能音箱行业统计概况

自 2021 年以来，中国智能音箱市场发展势头有所减弱，主要是因为产品缺乏创新，同质化严重，用户体验欠佳等。近年来，智能音箱市场呈现连续下降趋势，在巨头垄断的市场下，智能音箱的竞争力不断下降，产品品牌与型号数量不断减少。

尽管在 2024 年第四季度"双十一"和"国家补贴"政策的双重优惠促销力度下智能音箱市场有所回暖，但从全年的趋势来看，智能音箱市场发展仍不容乐观。2024 年，中国智能音箱市场的销量为 1 570.4 万台，同比下降 25.6%；销售额为 42.0 亿元，同比下降 29.4%。2022—2024 年中国智能音箱市场统计数据如表 3.17 所示。

表 3.17　2022—2024 年中国智能音箱市场统计数据

类别	类别明细	销量占比			销售额占比		
		2022 年	2023 年	2024 年	2022 年	2023 年	2024 年
渠道结构	线上	51.4%	51.2%	55.0%	48.6%	48.5%	51.2%
	线下	48.6%	48.8%	45.0%	51.4%	51.5%	48.8%
麦克风数量	2 个	57.3%	53.2%	48.0%	51.6%	45.5%	40.5%
	3 个	9.3%	11.0%	8.1%	11.3%	12.3%	10.4%
	4 个	16.6%	18.1%	18.6%	17.7%	22.8%	23.2%
	6 个	16.8%	17.7%	25.3%	19.4%	19.4%	25.9%
产品类型	不带屏	77.7%	79.4%	81.9%	56.2%	59.0%	64.8%
	带屏	22.3%	20.6%	18.1%	43.8%	41.0%	35.2%
屏幕尺寸	6 英寸以下	20.8%	15.5%	21.5%	9.6%	6.9%	9.8%
	7 英寸	26.3%	27.3%	15.8%	17.7%	16.6%	11.3%
	8 英寸	35.0%	38.8%	47.7%	37.8%	40.3%	55.0%
	10 英寸以上	17.9%	18.4%	15.0%	34.9%	36.2%	23.9%
屏幕分辨率	800 像素×480 像素	11.7%	13.3%	18.9%	5.0%	5.5%	8.0%
	960 像素×480 像素	9.1%	2.2%	2.6%	4.6%	1.4%	1.8%
	1 024 像素×600 像素	26.3%	27.3%	14.5%	17.7%	16.6%	10.0%
	1 280 像素×800 像素	52.3%	54.8%	63.6%	69.6%	65.8%	78.4%
	1 920 像素以上	0.6%	2.4%	0.4%	3.1%	10.7%	1.8%
摄像头	不带摄像头	13.8%	13.5%	19.3%	6.7%	6.1%	8.4%
	带摄像头	86.2%	86.5%	80.7%	93.3%	93.9%	91.6%
电池	不带电池	95.1%	96.1%	96.8%	84.8%	87.5%	92.4%
	带电池	4.9%	3.9%	3.2%	15.2%	12.5%	7.6%

（续表）

类别	类别明细	销量占比			销售额占比		
		2022 年	2023 年	2024 年	2022 年	2023 年	2024 年
价格段	0～99 元	15.3%	19.5%	18.9%	5.4%	7.1%	7.1%
	100～199 元	44.0%	41.3%	42.3%	22.3%	21.4%	23.8%
	200～299 元	17.0%	18.5%	19.1%	16.1%	18.0%	19.0%
	300～399 元	8.7%	5.7%	4.8%	11.6%	7.5%	6.6%
	400～599 元	7.1%	6.6%	6.9%	14.0%	13.1%	14.8%
	600～999 元	5.6%	6.5%	7.3%	16.3%	19.1%	22.5%
	1 000 元及以上	2.3%	1.9%	0.7%	14.3%	13.8%	6.2%

（1）渠道结构：不同于耳机/耳麦与蓝牙音箱，智能音箱线下市场占据一定市场份额，线下市场主要由运营商、品牌门店、综合数码店和家电连锁等渠道构成。2024 年，中国智能音箱线上市场受"双十一"和"国家补贴"政策的推动影响，实现了增长。线上市场的销量占比为 55.0%，同比增长 3.8 个百分点，销售额占比达到 51.2%，同比增长 2.7 个百分点并反超线下市场。

（2）麦克风数量：智能音箱产品结构持续升级，低配置产品逐渐减少，拥有 2 个麦克风产品的销量占比不断减少。2024 年，中国智能音箱市场拥有 2 个麦克风产品的销量占比为 48.0%，同比下降 5.2 个百分点，同时，拥有 6 个麦克风产品的销量占比达到 25.3%，同比增长 7.6 个百分点。

（3）产品类型：2024 年，带屏智能音箱市场份额持续下滑。受到学习平板和移动智慧屏等新兴智能硬件的冲击，学习场景和观影场景使用体验都相对欠缺的带屏智能音箱发展受到了影响，尤其是中高端产品销量呈现大幅下滑的趋势。2024 年，带屏智能音箱的销量占比为 18.1%，同比下降 2.5 个百分点，销售额占比为 35.2%，同比下降 5.8 个百分点。

（4）屏幕尺寸：受到中高端带屏智能音箱销量大幅下滑的影响，10 英寸以上带屏智能音箱产品的销量占比大幅下滑。8 英寸带屏智能音箱产品抢占 7 英寸带屏智能音箱产品的销量占比。2024 年，在中国带屏音箱市场中 8 英寸带屏智能音箱产品的销量占比达到 47.7%，同比增长 8.9 个百分点。

（5）屏幕分辨率：中高端带屏智能音箱市场规模缩小，超高清带屏智能音箱产品的销量占比也随之下降。2024 年，在中国带屏智能音箱市场中，1 920 像素以上分辨率的超高清带屏智能音箱产品市场的销量占比为 0.4%，同比下降 2.0 个百分点。8 英寸带屏智能音箱产品的销量占比增长推动高清带屏智能音箱产品的销量占比增长。2024 年，1 280 像素×800 像素分辨率的高清带屏智能音箱产品的销量占比达到 63.6%，同比增长 8.8 个百分点。

（6）摄像头：由于对老人与小孩的看护场景需求增加，在中国带屏智能音箱市场中，带摄像头成为智能音箱的基本配置。然而，随着中高端智能音箱销量的下降，2024 年带摄像头的带屏智能音箱产品的销量占比下降至 80.7%，同比下降 5.8 个百分点。

（7）电池：受限于户外场景与语音交互场景不兼容，中国智能音箱市场中带电池的便携产品的销量占比逐渐下降，户外可移动智能音箱的使用场景仍待开发。2024 年，在中国智能音箱市场中带电池功能产品的销量占比为 3.2%，同比下降 0.7 个百分点。

（8）价格段：中国智能音箱市场仍以低端产品为主，2024 年，200 元以内产品市场的销量占比超过了 60%，但低端产品逐渐被市场淘汰，100 元以内产品市场份额持续下降。同时，200～299 元、400～599 元和 600～999 元价格段的智能音箱产品通过产品升级均保持增长趋势。中国智能音箱市场的高端化进程遇阻，由于高端带屏智能音箱市场遇冷，以及高端国外无屏智能音箱品牌的退出，1 000 元以上价格段的智能音箱产品的销量占比逐年下降。2024 年，中国智能音箱 1 000 元及以上价格段的智能音箱产品的销量占比仅为 0.7%，同比下降 1.2 个百分点。

3.4.4　2024 年中国回音壁行业统计概况

随着电视机的厚度不断减小，其内部空间对于扬声器的容纳能力亦随之减弱，因此，回音壁作为提升电视音质的辅助设备应运而生。自 2013 年进入中国市场以来，回音壁快速发展，凭借良好的音质和简单的布局迅速获得了消费者的青睐。但近年来，随着智能电视的市场需求减少，主要作为电视音响的回音壁市场也呈现疲软态势，新增用户的减少和需求的下降使回音壁市场提前进入了存量替换时代。

尽管在"国家补贴"政策的助力下，2024 年第四季度中国回音壁市场受中高端产品推动实现大幅增长，但 2024 年中国回音壁市场销量仍呈现小幅下降趋势。2024 年中国回音壁市场的销量为 89.4 万台，同比下降 1.4%；销售额为 11.1 亿元，同比下降 1.8%。然而，中国回音壁仍属于小众市场，家庭使用渗透率不足 1%。2022—2024 年中国回音壁市场统计数据如表 3.18 所示。

表 3.18　2022—2024 年中国回音壁市场统计数据

类别	类别明细	销量占比			销售额占比		
		2022 年	2023 年	2024 年	2022 年	2023 年	2024 年
渠道结构	线上	88.9%	89.6%	90.0%	81.6%	82.4%	83.2%
	线下	11.1%	10.4%	10.0%	18.4%	17.6%	16.8%
产品类型	单一条形音箱	60.4%	61.2%	61.9%	38.8%	40.2%	41.7%
	条形音箱＋低音炮	28.7%	26.9%	25.0%	26.1%	24.4%	20.9%
	条形音箱＋低音炮＋后置环绕	9.9%	11.1%	12.4%	32.9%	33.3%	35.5%
	5.1 组合式	1.0%	0.8%	0.7%	2.2%	2.1%	1.9%
音频解码	无杜比	67.6%	65.8%	60.3%	26.4%	24.5%	20.7%
	杜比数字	12.5%	8.6%	7.7%	15.9%	12.0%	7.6%
	杜比数字＋DTS	7.6%	4.3%	2.6%	7.1%	4.8%	2.5%
	杜比全景声	12.3%	21.3%	29.4%	50.6%	58.7%	69.2%
KTV	K 歌功能	17.6%	20.0%	20.9%	16.8%	19.1%	18.0%
	无	82.4%	80.0%	79.1%	83.2%	80.9%	84.0%
产品长度	0～800 mm	36.0%	34.4%	32.8%	16.7%	14.6%	13.1%
	800～1 000 mm	49.0%	47.2%	46.0%	41.5%	39.4%	35.4%
	1 000～1 200 mm	11.8%	13.9%	14.9%	24.2%	27.5%	27.2%
	1 200 mm 以上	3.2%	4.5%	6.3%	17.6%	18.5%	24.3%
价格段	0～999 元	61.2%	59.4%	60.4%	17.2%	13.6%	15.5%
	1 000～1 999 元	20.0%	18.3%	17.2%	20.8%	17.6%	16.1%
	2 000～2 999 元	6.4%	7.6%	5.8%	10.5%	11.8%	9.0%
	3 000～4 999 元	5.3%	6.9%	7.4%	16.0%	18.1%	18.4%
	5 000～7 999 元	4.6%	5.4%	7.6%	18.4%	22.5%	29.9%
	8 000 元及以上	2.5%	2.4%	1.6%	17.1%	16.4%	11.1%

（1）渠道结构：由于回音壁产品进入中国市场较晚，进入时中国主流电商体系已经成熟，尽管回音壁产品单价较高，但仍以线上市场为主。由于"国家补贴"政策在"双十一"期间推动中国回音壁线上市场大幅增长，2024 年中国回音壁线上市场的销量占比保持增长趋势。2024 年，中国回音壁线上市场的销量占比为 90.0%，同比增长 0.4 个百分点，销售额占比为 83.2%，同比增长 0.8 个百分点。

（2）产品类型：单一条形音箱产品的销量占比保持稳定，条形音箱＋低音炮＋后置环绕组合式产品抢占条形音箱＋低音炮组合式产品的销量占比，增加的后置环绕音箱能够进一步提升产品的视听体验，该组合式产品近年来保持增长趋势。2024 年，在中国回音壁市场中条形音箱＋低音炮＋后置环绕组合式产品的销量占比为 12.4%，同比增长 1.3 个百分点，销售额占比为 35.5%，同比增长 2.2 个百分点。

（3）音频解码：随着杜比全景声技术的不断发展与价格下降，越来越多的回音壁产品引入了杜比全景声音频解码技术，环绕天空声道极大提升了用户的观影体验，解决了回音壁产品相较传统家庭影院产品音质欠佳的痛点。2024 年，中国回音壁市场带有杜比全景声技术产品的销售额占比达到 69.2%，同比增长 10.5 个百分点。同时，无杜比、杜比数字和杜比数字＋DTS 音频解码产品的销量占比均呈现下降趋势，其中无杜比的销售额占比下降至 20.7%，同比下降 3.8 个百分点。

（4）KTV：随着家庭 K 歌场景的兴起，越来越多的厂商将回音壁产品配备麦克风和 K 歌功能，拓宽了回音壁产品的使用场景。2024 年，中国回音壁市场带有 K 歌功能的回音壁产品的销量占比为 20.9%，同比增长 0.9 个百分点，但该细分市场的销售额占比下降，产品呈现低端化趋势。

（5）产品长度：随着大尺寸智能电视的份额不断提升，回音壁厂商通过不断增加产品长度适配更大尺寸的电视。2024 年，75 英寸已经成为中国电视市场销量第一的尺寸，同时宽度为 1 000 mm 以上的回音壁产品保持增长趋势。2024 年，在中国回音壁市场中，长度在 1 000～1 200 mm 和 1 200 mm 以上的回音壁产品销量占比分别达到 14.9% 和 6.3%，同比分别增长 1.0 个和 1.8 个百分点。

（6）价格段：中高端杜比全景声产品和组合式产品的畅销推动中国回音壁市场中高端价格段产品保持增长。2024 年，在中国回音壁市场中 5 000～7 999 元价格段的回音壁产品销售额占比达到 29.9%，同比增长 7.4 个百分点。8 000 元及以上价格段的回音壁产品由于降价和消费降级需求减少，销量占比有所下降。低端市场中 1 000 元以内价格段的回音壁产品市场份额实现小幅增长，这主要得益于国内电视厂商在 2024 年推出的低端杜比全景声新品的推动。

3.5　2022—2024 年中国电子视像行业消费级安防终端数据汇总

2022—2024 年中国电子视像行业消费级安防终端数据如表 3.19 所示。

表 3.19　2022—2024 年中国电子视像行业消费级安防终端数据

类别	销量/万台、万套			销售额/亿元		
	2022 年	2023 年	2024 年	2022 年	2023 年	2024 年
行业整体	6 580.3	7 140.4	7 095.6	240.3	241.3	225.3

（续表）

类别	销量/万台、万套			销售额/亿元		
	2022 年	2023 年	2024 年	2022 年	2023 年	2024 年
智能门锁	1 760.2	1 801.5	1 746.9	143.2	128.6	116.8
监控摄像头	4 820.1	5 338.9	5 348.7	97.1	112.7	108.5

3.6　2024 年中国电子视像行业消费级安防终端运行概述

3.6.1　2024 年中国智能门锁行业统计概况

　　智能门锁作为家庭安防系统的核心控制节点，在居住空间智能化演进中持续发挥作用。当前，该行业正面临周期性震荡与结构性调整的双重考验。在需求方面，由于消费电子市场的增长动力减弱，智能门锁的需求受到相应影响；在供给方面，产品同质化竞争的加剧导致价值的压缩。2024 年，中国智能门锁市场的全渠道呈现量价双降态势，销量为 1 746.9 万套，同比下降 3.0%；销售额达到 116.8 亿元，同比下降 9.1%。2022—2024 年中国智能门锁市场统计数据如表 3.20 所示。

表 3.20　2022—2024 年中国智能门锁市场统计数据

类别	类别明细	销量占比			销售额占比		
		2022 年	2023 年	2024 年	2022 年	2023 年	2024 年
渠道结构	B 端	54.0%	50.0%	44.1%	29.1%	26.2%	19.0%
	C 端	42.5%	42.6%	54.6%	68.6%	68.9%	80.1%
	运营商	3.5%	7.4%	1.3%	2.3%	4.9%	0.9%

（续表）

类别	类别明细	销量占比			销售额占比		
		2022 年	2023 年	2024 年	2022 年	2023 年	2024 年
人脸识别	支持	9.8%	17.7%	31.9%	17.0%	27.7%	45.5%
	不支持	90.2%	82.3%	68.1%	83.0%	72.3%	54.5%
智能猫眼	支持	34.8%	40.2%	49.6%	50.7%	57.9%	69.0%
	不支持	65.2%	59.8%	50.4%	49.3%	42.1%	31.0%
室内大屏	支持	18.5%	29.1%	40.2%	24.3%	39.3%	56.0%
	不支持	81.5%	70.9%	59.8%	75.7%	60.7%	44.0%
价格段	0～499 元	11.2%	18.5%	28.5%	3.2%	5.7%	9.6%
	500～999 元	35.8%	39.6%	31.1%	21.3%	26.1%	22.4%
	1 000～1 499 元	20.6%	17.6%	18.6%	20.3%	19.6%	22.2%
	1 500～1 999 元	13.9%	11.4%	11.3%	18.7%	17.6%	19.0%
	2 000～2 499 元	12.2%	6.4%	5.4%	21.0%	12.6%	11.7%
	2 500～2 999 元	3.7%	3.9%	3.0%	8.0%	9.4%	8.0%
	3 000～3 499 元	1.7%	1.0%	1.3%	4.5%	3.0%	4.2%
	3 500～3 999 元	0.8%	1.3%	0.6%	2.4%	4.3%	2.0%
	4 000 元及以上	0.1%	0.3%	0.2%	0.6%	1.7%	0.9%

（1）渠道结构：2024 年，中国智能门锁市场的渠道结构迎来重大转变。C 端市场的销量占比首次超过一半，达到 54.6%，线上零售市场贡献了主要增量。B 端市场持续承压，在整体市场的销量占比下降至 44.1%。运营商赛道受战略收缩叠加政策调控双重影响，销量占比下降至 1.3%。

（2）人脸识别：生物识别技术作为智能门锁领域的核心技术，目前已形成指纹识别、人脸识别、静脉识别三大技术矩阵。其中，人脸识别技术实现了规模化突破。中国智能门锁市场支持人脸识别的智能门锁的销量占比从 2022 年的 9.8%增至 2024 年的 31.9%，较 2023 年增长 14.2 个百分点。

（3）智能猫眼：智能猫眼与智能门锁的技术融合重塑产业创新边界，推动智能门锁行业加快发展步伐。近些年，中国智能门锁市场配备智能猫眼的智能门锁的销量增长显著，销量占比从 2022 年的 34.8%增至 2024 年的 49.6%，较 2023 年增长 9.4 个百分点。

（4）室内大屏：配备室内大屏的智能门锁支持全天候主动防御机制与远程协作，实现安全能级的系统化跃升。中国智能门锁市场配备室内大屏的智能门锁的销量占比从 2022 年的 18.5%增至 2024 年的 40.2%，较 2023 年增长 11.1 个百分点。

（5）价格段：2024 年，1 000 元以下为智能门锁线上市场的主流价格段，销量占比达到 59.6%。中小品牌在该价格段密集投放产品，叠加直播电商渠道赋能与营销资源倾斜，共同驱动该价格段销量的增长。在头部品牌技术溢价战略驱动下，中高端市场也展现出了强劲韧性，其中 3 000～3 499 元价格段销量增长最为明显。

3.6.2 2024 年中国监控摄像头行业统计概况

中国监控摄像头行业正经历从设备普及向技术升维的关键转型期。

第 3 章　中国电子视像行业消费级终端运行概况

在智能家居生态深化与居住安全范式升级的双重驱动下，消费级监控摄像头市场进入存量运营新阶段。

2024 年，中国消费级监控摄像头的销量为 5 348.7 万套，同比微增 0.2%；销售额为 108.5 亿元，同比下降 3.7%。2022—2024 年中国监控摄像头市场统计数据如表 3.21 所示。

表 3.21　2022—2024 年中国监控摄像头市场统计数据

类别	类别明细	销量占比			销售额占比		
		2022 年	2023 年	2024 年	2022 年	2023 年	2024 年
渠道结构	线上	53.1%	50.2%	56.1%	48.5%	50.3%	58.9%
	线下	46.9%	49.8%	43.9%	51.5%	49.7%	41.1%
产品形态	云台	55.4%	53.9%	52.1%	47.0%	48.4%	47.6%
	球机	26.1%	24.3%	17.6%	29.6%	26.4%	19.4%
	枪球联动机	0.6%	9.3%	20.2%	1.0%	9.2%	21.7%
	枪机	10.0%	6.0%	4.0%	14.8%	9.6%	5.8%
	其他	7.9%	6.5%	6.1%	7.6%	6.4%	5.5%
使用场景	室内	62.8%	59.5%	56.5%	53.7%	53.6%	52.1%
	室外	37.2%	40.5%	43.5%	46.3%	46.4%	47.9%
摄像头数量	单目	99.1%	81.8%	67.4%	98.5%	84.1%	68.8%
	双目和多目	0.9%	18.2%	32.6%	1.5%	15.9%	31.2%
单目摄像头像素	200 万	40.7%	22.4%	14.5%	33.0%	20.7%	14.3%
	300 万	33.7%	32.9%	21.4%	32.1%	28.0%	18.0%
	400 万	18.8%	26.6%	28.1%	25.0%	31.1%	29.7%

（续表）

类别	类别明细	销量占比			销售额占比		
		2022 年	2023 年	2024 年	2022 年	2023 年	2024 年
单目摄像头像素	500 万	5.1%	14.2%	25.6%	6.7%	15.0%	24.7%
	800 万	0.6%	1.9%	8.3%	2.1%	3.5%	11.2%
	其他	1.1%	2.0%	2.1%	1.1%	1.7%	2.1%
价格段	0～99 元	13.4%	8.7%	8.0%	5.1%	3.0%	3.0%
	100～149 元	19.0%	12.6%	15.5%	10.2%	6.9%	9.0%
	150～199 元	24.5%	29.4%	32.5%	19.1%	22.0%	26.1%
	200～249 元	14.9%	19.6%	17.9%	14.9%	19.0%	18.2%
	250～299 元	11.7%	13.2%	10.7%	14.1%	15.6%	13.5%
	300～499 元	12.8%	13.1%	12.9%	21.2%	20.8%	21.4%
	500 元及以上	3.7%	3.4%	2.5%	15.4%	12.6%	8.8%

（1）渠道结构：2024 年，中国监控摄像头市场的线上、线下市场的表现大相径庭。2024 年，中国监控摄像头线下市场的销量占比为 43.9%，同比下降 5.9 个百分点。线上市场得益于多渠道迅速扩容，以及跨界品牌不断深入渗透等多重积极因素的推动，维持着良好的增长态势。2024 年，线上市场的销量占比达到 56.1%。

（2）产品形态：2024 年，云台仍是消费级监控摄像头市场的主流，销量占比为 52.1%，同比下降 1.8 个百分点；室外场景需求释放及头部品牌加速布局推动枪球联动机快速增长，销量占比为 20.2%，同比增长 10.9 个百分点。

（3）使用场景：室外安防场景已跃升为重要创新方向，智慧露营、庭院经济等新兴场景的需求释放，以及头部品牌的加速布局，共同驱动室外场景消费增长。2024 年，室外监控摄像头的销量占比达到 43.5%，同比增长 3.0 个百分点。

（4）摄像头数量：2024 年，单目摄像头产品为主流，销量占比达到 67.4%；双目和多目摄像头产品的渗透率持续攀升，合计销量占比达到 32.6%，同比增长 14.4 个百分点。

（5）单目摄像头像素：高清化是当前监控摄像头发展的主要方向。2024 年，在单目摄像头市场中，400 万像素和 500 万像素为主流像素，合计销量占比达到 53.7%，同比增长 12.9 个百分点。800 万像素产品的销量占比从 2023 年的 1.9%增至 2024 年的 8.3%，同比增长 6.4 个百分点。高像素产品销量增长的主要动力来自头部品牌更多新品的布局，以及产品价格大幅下降。

（6）价格段：2024 年，监控摄像头呈现价格下移趋势，100～199 元为主流价格段，合计销量占比达到 48%，同比增长 6 个百分点。

第 4 章
中国电子视像行业商用显示终端运行概况

4.1　2022—2024 年中国电子视像行业商用显示终端数据汇总

2022—2024 年中国电子视像行业商用显示终端数据如表 4.1 所示。

表 4.1　2022—2024 年中国电子视像行业商用显示终端数据

类别	类别明细	销量/万平方米、万台			销售额/亿元		
		2022 年	2023 年	2024 年	2022 年	2023 年	2024 年
行业整体		810.3	806.5	835.7	672.0	571.0	514.3
公共信息显示	大屏幕墙	103.1	96.5	82.5	229.8	213.5	191.3
	交互平板	144.0	124.9	122.1	233.4	128.5	95.0
	商用投影	76.5	62.2	49.3	112.1	124.1	103.4
	商用电视	436.4	447.1	473.7	75.1	75.2	79.1
	数字标牌	50.3	75.8	108.1	21.6	29.7	45.5

4.2　2024 年中国电子视像行业商用显示终端运行概述

4.2.1　2024 年中国交互平板行业统计概况

2024 年,中国交互平板市场的整体销量为 122.1 万台,同比下降 2.2%;销售额为 95.0 亿元,同比下降 26.1%。2022—2024 年中国交互平板市场统计数据如表 4.2 所示。

表 4.2　2022—2024 年中国交互平板市场统计数据

类别	销量/万台			销售额/亿元		
	2022 年	2023 年	2024 年	2022 年	2023 年	2024 年
行业整体	144.0	124.9	122.1	233.4	128.5	95.0
教育交互平板	99.8	90.0	80.6	169.4	83.6	59.2
商用交互平板	44.2	34.9	41.5	64.0	44.9	35.8

1．教育交互平板

2024 年，教育交互平板的销量为 80.6 万台，同比下降 10.4%；销售额为 59.2 亿元，同比下降 29.2%。根据产品技术，教育交互平板分为液晶白板、液晶黑板和投影白板。2022—2024 年中国教育交互平板市场统计数据如表 4.3 所示。

表 4.3　2022—2024 年中国教育交互平板市场统计数据

类别	销量/万台			销售额/亿元		
	2022 年	2023 年	2024 年	2022 年	2023 年	2024 年
行业整体	99.8	90.0	80.6	169.4	83.6	59.2
液晶白板	61.2	54.7	47.3	74.7	42.7	31.4
液晶黑板	37.3	34.7	32.5	91.1	39.8	27.2
投影白板	1.3	0.6	0.8	3.6	1.1	0.6

（1）液晶白板。近年来，由于受到液晶黑板替代的影响，液晶白板的销量不断下降，但其凭借成本的可控性及尺寸的灵活性优势，仍是教育市场适用性最广泛的产品。2024 年液晶白板的销量为 47.3 万台，同比下降 13.5%；销售额为 31.4 亿元，同比下降 26.5%。2022—2024 年中国

教育交互平板液晶白板市场统计数据如表 4.4 所示。

表 4.4　2022—2024 年中国教育交互平板液晶白板市场统计数据

类别	类别明细	销量占比		
		2022 年	2023 年	2024 年
尺寸结构	40～59 英寸	4.0%	2.3%	1.0%
	60～69 英寸	20.0%	16.9%	14.4%
	70～80 英寸	25.7%	22.3%	19.0%
	85 英寸以上	50.3%	58.5%	65.6%
触控技术	红外	97.1%	98.0%	97.2%
	电容	2.9%	2.0%	2.8%
区域	东北	9.3%	3.2%	3.4%
	华北	24.8%	19.6%	20.5%
	华东	15.9%	24.8%	27.0%
	华南	28.0%	22.2%	24.1%
	华西	22.0%	30.2%	25.0%
行业	公立义务教育	35.3%	38.5%	34.2%
	职业教育	22.8%	19.3%	22.3%
	高校	21.1%	13.5%	18.6%
	公立高中	9.0%	15.0%	17.3%
	私立教育机构	1.3%	1.5%	3.3%
	幼教	7.6%	8.2%	1.8%
	培训机构	0.8%	1.3%	1.3%
	其他	2.1%	2.7%	1.2%

①尺寸结构：2024 年，液晶白板市场仍以 85 英寸以上的产品为主，销量继续增长，同比增长 7.1 个百分点，销量占比达到 65.6%。

②触控技术：2024 年，液晶白板市场以红外触控技术为主，销量占比达到 97.2%；电容触控技术产品在持续渗透，销量占比达到 2.8%，同比增长 0.8 个百分点。

③区域：2024 年，华东和华西地区销量占比较大，分别达到 27.0% 和 25.0%，并且增长显著，同比分别增长 2.2 个和 5.2 个百分点。

④行业：2024 年，公立义务教育依旧为液晶白板市场销量占比最大的行业，销量占比达到 34.2%；职业教育和高校的需求不断增长，销量占比分别达到 22.3% 和 18.6%，同比增长 3.0 和 5.1 个百分点。

（2）液晶黑板。2024 年，液晶黑板的销量为 32.5 万台，同比下降 6.3%；销售额为 27.2 亿元，同比下降 31.7%。液晶黑板市场流通价屡创新低，整体销售额降幅远大于销量降幅。2022—2024 年中国教育交互平板液晶黑板市场统计数据如表 4.5 所示。

表 4.5 2022—2024 年中国教育交互平板液晶黑板市场统计数据

类别	类别明细	销量占比		
		2022 年	2023 年	2024 年
尺寸结构	60～69 英寸	0.1%	—	0.1%
	70～80 英寸	6.5%	3.6%	2.7%
	85 英寸以上	93.4%	96.4%	97.2%
触控技术	红外	20.7%	42.1%	54.6%
	电容	79.3%	57.9%	45.4%
区域	东北	8.4%	5.7%	2.8%

（续表）

类别	类别明细	销量占比		
		2022 年	2023 年	2024 年
区域	华北	25.3%	21.3%	22.8%
	华东	12.6%	23.2%	27.2%
	华南	28.3%	22.3%	24.1%
	华西	25.4%	27.5%	23.1%
行业	公立义务教育	37.6%	38.1%	33.2%
	职业教育	24.3%	17.0%	28.4%
	高校	23.0%	12.8%	18.1%
	私立教育机构	1.6%	0.4%	9.7%
	公立高中	9.4%	30.4%	9.6%
	幼教	2.5%	0.3%	1.0%
	培训机构	0.5%	0.6%	—
	其他	1.1%	0.4%	—

①尺寸结构：2024 年，液晶黑板 2 市场以 85 英寸以上的产品为主，销量占比达到 97.2%，同比增长 0.8 个百分点。

②触控技术：2024 年，液晶黑板市场以红外触控技术为主，销量占比超过电容触控产品，达到 54.6%；电容触控产品销量占比达到 45.4%，同比下降 12.5 个百分点。

③区域：2024 年，华东地区销量占比最大，达到 33.2%，同比增长 4.0 个百分点。

④行业：2024 年，职业教育对液晶黑板的采购明显增长，同比增长 11.4 个百分点，占比仅次于占比为 33.2% 的公立义务教育。

（3）投影白板。投影白板因受液晶白板和液晶黑板的挤压，需求逐渐减少，厂商不断将重心移出这个领域。2024 年，投影白板的销量为 0.8 万台，同比增长 33.3%；销售额为 0.6 亿元，同比下降 45.5%。2022—2024年中国教育交互平板投影白板市场统计数据如表 4.6 所示。

表 4.6　2022—2024 年中国教育交互平板投影白板市场统计数据

类别	类别明细	销量占比		
		2022 年	2023 年	2024 年
尺寸结构	80～83 英寸	0.7%	9.0%	8.9%
	84～89 英寸	3.6%	5.5%	11.3%
	90～99 英寸	39.1%	27.1%	25.5%
	100～109 英寸	36.4%	45.6%	27.1%
	110 英寸及以上	20.2%	12.8%	27.2%
区域	东北	8.9%	5.1%	3.9%
	华北	23.6%	22.7%	22.8%
	华东	19.4%	23.2%	24.2%
	华南	23.8%	29.4%	25.8%
	华西	24.3%	19.6%	23.3%
行业	职业教育	30.2%	40.2%	45.2%
	培训机构	0.5%	2.8%	38.2%
	幼教	5.9%	4.9%	3.8%
	公立义务教育	8.8%	1.3%	6.1%
	高校	47.8%	45.3%	2.0%
	公立高中	5.5%	2.2%	—

（续表）

类别	类别明细	销量占比		
		2022 年	2023 年	2024 年
行业	私立教育机构	1.1%	1.2%	—
	其他	0.2%	2.1%	4.7%

①尺寸结构：2024 年，投影白板市场以 90 英寸及以上的产品为主，销量占比达到 79.8%，其中 110 英寸及以上的产品增长明显，同比增长 14.4 个百分点。

②区域：2024 年，华南地区销量占比最大，达到 25.8%；华西地区的需求增长显著，同比增长 3.7 个百分点，销量占比达到 23.3%。

③行业：2024 年，职业教育和培训机构通常在阶梯教室选择性价比更高的大尺寸的投影白板产品，投影白板需求增长显著，分别同比增长 5.0 和 35.4 个百分点，销量占比分别达到 45.2%和 38.2%。

2. 商用交互平板

2024 年，中国商用交互平板销量为 41.5 万台，同比增长 18.9%；销售额为 35.8 亿元，同比下降 20.3%。2022—2024 年中国商用交互平板商用市场统计数据如表 4.7 所示。

表 4.7　2022—2024 年中国商用交互平板市场统计数据

类别	类别明细	销量占比		
		2022 年	2023 年	2024 年
尺寸结构	40～59 英寸	13.0%	13.1%	10.0%

（续表）

类别	类别明细	销量占比		
		2022 年	2023 年	2024 年
尺寸结构	65～69 英寸	41.1%	41.4%	45.9%
	70～79 英寸	19.0%	18.3%	22.9%
	80～84 英寸	0.1%	0.2%	—
	85 英寸以上	26.8%	27.0%	21.2%
触控技术	红外	93.8%	95.6%	92.9%
	电容	5.5%	4.0%	7.0%
	其他	0.7%	0.4%	0.1%
区域	东北	1.7%	1.4%	1.6%
	华北	27.5%	19.3%	21.8%
	华东	21.8%	31.4%	30.3%
	华南	31.1%	25.4%	22.8%
	华西	17.9%	22.5%	23.5%
行业	企业	55.7%	55.1%	55.9%
	金融	15.5%	14.7%	14.4%
	政府	10.5%	9.5%	13.5%
	医疗	12.3%	17.4%	12.9%
	教育	2.5%	1.3%	1.5%
	其他	3.5%	2.0%	1.8%

①尺寸结构：2024 年，中国商用交互平板市场以 65～69 英寸的产品为主，销量占比达到 45.9%；其次是 70～79 英寸的产品，销量占比达到 22.9%，同比增长 4.5 个百分点。

②触控技术：中国商用交互平板市场目前仍以红外触控技术为主。2024 年，红外触控产品销量占比达到 92.9%；电容触控产品销量占比增长显著，达到 7.0%，同比增长 3.0 个百分点。

③区域：2024 年，华东地区销量占比最大，达到 30.3%；华北地区的销量占比增长显著，达到 21.8%，同比增长 2.5 个百分点。

④行业：2024 年，企业为中国商用交互平板市场销量占比最大的行业，达到 55.9%，同比增长 0.8 个百分点；政府行业的销量占比增长显著，销量占比达到 13.5%，同比增长 4.0 个百分点。

4.2.2　2024 年中国数字标牌行业统计概况

2024 年，中国数字标牌行业整体的销量为 108.1 万台，同比增长 42.6%；销售额为 45.5 亿元，同比增长 53.2%。数字标牌市场相对分散，根据应用场景可分为户内数字标牌和户外数字标牌。2022—2024 年中国数字标牌市场统计数据如表 4.8 所示。

表 4.8　2022—2024 年中国数字标牌市场统计数据

类别	销量/万台			销售额/亿元		
	2022 年	2023 年	2024 年	2022 年	2023 年	2024 年
行业整体	50.3	75.8	108.1	21.6	29.7	45.5
户内数字标牌	48.8	73.5	104.9	18.4	25.2	39.0
户外数字标牌	1.5	2.3	3.2	3.2	4.5	6.5

1. 户内数字标牌

2024 年，中国户内数字标牌的销量为 104.9 万台，同比增长 42.7%；销售额为 39.0 亿元，同比增长 54.8%。2022—2024 年中国户内数字标牌市场统计数据如表 4.9 所示。

表 4.9　2022—2024 年中国户内数字标牌市场统计数据

类别	类别明细	销量占比			销售额占比		
		2022 年	2023 年	2024 年	2022 年	2023 年	2024 年
尺寸结构	20 英寸以下	14.3%	15.6%	9.8%	7.3%	6.5%	4.1%
	20～29 英寸	18.6%	27.9%	25.9%	7.0%	15.6%	15.9%
	30～39 英寸	10.1%	9.4%	11.8%	7.2%	9.2%	9.4%
	40～49 英寸	22.8%	22.3%	24.7%	22.4%	23.0%	23.8%
	50～59 英寸	23.6%	15.8%	17.3%	35.4%	26.4%	26.9%
	60～79 英寸	9.6%	8.5%	9.7%	17.4%	17.5%	17.2%
	80 英寸及以上	1.0%	0.5%	0.8%	3.3%	1.8%	2.7%

2024 年，从产品销量占比的增速来看，30～49 英寸产品的销量占比增长最快，同比增长 4.8 个百分点，达到 36.5%；从需求量份额来看，20～29 英寸产品需求占主导地位，销量占比达到 25.9%。

2. 户外数字标牌

2024 年，中国户外数字标牌的销量为 3.2 万台，同比增长 39.1%；销售额为 6.5 亿元，同比增长 44.4%。2022—2024 年中国户外数字标牌市场统计数据如表 4.10 所示。

表 4.10　2022—2024 年中国户外数字标牌市场统计数据

类别	类别明细	销量占比			销售额占比		
		2022 年	2023 年	2024 年	2022 年	2023 年	2024 年
尺寸结构	30～39 英寸	3.9%	5.0%	5.2%	5.4%	2.0%	1.9%
	40～49 英寸	28.3%	29.3%	24.1%	13.0%	15.8%	11.8%
尺寸结构	50～59 英寸	32.8%	28.9%	30.2%	28.4%	28.4%	28.7%
	60～79 英寸	29.0%	32.5%	34.3%	32.9%	39.1%	39.2%
	80 英寸及以上	6.0%	4.3%	6.2%	20.3%	14.7%	18.4%

在户外场景中，数字标牌产品更趋向大尺寸，50 英寸及以上产品的销量占比逐渐增加，同比增长 5.0 个百分点，达到 70.7%。

4.2.3　2024 年中国商用投影行业统计概况

2024 年，中国商用投影市场（不含影院设备）的销量为 49.3 万台，同比下降 20.7%，销售额为 103.4 亿元，同比增长 16.7%。2022—2024 年中国商用投影市场统计数据如表 4.11 所示。

表 4.11　2022—2024 年中国商用投影市场统计数据

类别	类别明细	销量/万台			销售额/亿元		
		2022 年	2023 年	2024 年	2022 年	2023 年	2024 年
行业整体		76.5	62.2	49.3	112.1	124.1	103.4
应用场景	工程投影	12.7	14.1	12.5	60.9	81.6	71.8
	教育投影	20.8	14.6	10.8	23.5	18.2	12.1
	商务投影	43.0	33.5	26.0	27.7	24.3	19.5

1. 工程投影

2024 年中国工程投影市场的销量为 12.5 万台,同比下降 11.3%,销售额为 71.8 亿元,同比增长 12.0%。2022—2024 年中国工程投影市场统计数据如表 4.12 所示。

表 4.12   2022—2024 年中国工程投影市场统计数据

类别	类别明细	销量占比		
		2022 年	2023 年	2024 年
投影技术	1DLP	42.4%	44.9%	47.4%
	3DLP	—	—	3.4%
	3LCD	57.6%	55.1%	49.2%
光源技术	激光	85.7%	90.5%	92.0%
	汞灯	14.1%	9.5%	8.0%
	LED	0.2%	0.0%	0.0%
分辨率	XGA	8.5%	2.8%	2.2%
	WXGA	9.2%	4.4%	2.4%
	FHD	13.4%	11.7%	10.0%
	WUXGA	64.3%	72.8%	74.4%
	UHD	4.2%	7.2%	10.6%
	其他	0.5%	1.0%	0.4%
色温	5 000 K 以下	5.2%	3.8%	2.7%
	5 000～7 000 K	72.0%	65.6%	65.8%
	7 000～10 000 K	17.4%	23.2%	23.9%
	10 000 K 以上	5.4%	7.4%	7.6%

（1）投影技术：2024 年，中国工程投影转变为以 DLP 技术产品为主，1DLP 技术产品的销量占比提升至 47.4%，同比增长 2.5 个百分点，3DLP 技术开始入市，销量占比达到 3.4%；3LCD 技术产品的销量占比达到 49.2%。

（2）光源技术：2024 年，在中国工程投影市场中，汞灯光源产品的销量占比持续下滑，达到 8.0%，同比下降 1.5 个百分点；激光光源产品的销量占比增长显著，达到 92.0%。

（3）分辨率：2024 年，WUXGA 产品是中国工程投影市场的主流，销量占比达到 74.4%，同比增长 1.6 个百分点；UHD 产品销量占比增长最快，同比增长 3.4 个百分点，销量占比提升至 10.6%。

（4）色温：2024 年，中国工程投影产品的色温主要集中在 5 000～7 000 K 区间段，销量占比达到 65.8%。

2. 教育投影

2024 年，中国教育投影市场的销量持续下滑，总计销量为 10.8 万台，同比下降 26.0%。2022—2024 年中国教育投影市场统计数据如表 4.13 所示。

表 4.13　2022—2024 年中国教育投影市场统计数据

类别	类别明细	销量占比		
		2022 年	2023 年	2024 年
投影技术	DLP	54.1%	56.8%	57.0%
	3LCD	45.9%	43.2%	43.0%
光源技术	LED	7.1%	3.5%	1.7%
	激光	35.4%	39.9%	35.5%

（续表）

类别	类别明细	销量占比		
		2022 年	2023 年	2024 年
光源技术	汞灯	57.5%	56.6%	62.8%
分辨率	XGA	37.5%	35.1%	27.2%
	WXGA	27.7%	22.8%	26.2%
分辨率	FHD	20.3%	25.0%	20.4%
	WUXGA	10.5%	12.7%	17.4%
	UHD	0.3%	1.7%	5.1%
	其他	3.7%	2.7%	3.7%
色温	3 000 K 以下	0.1%	0.8%	0.9%
	3 000～5 000 K	86.6%	81.4%	80.7%
	5 000 K 以上	13.4%	17.8%	18.4%

（1）投影技术：2024 年，中国教育投影以 DLP 技术产品为主，销量占比达到 57.0%，同比增长 0.2 个百分点；3LCD 技术产品的销量占比下降至 43.0%。

（2）光源技术：2024 年，在中国教育投影市场中，汞灯光源产品仍是市场主流，销量占比达到 62.8%；激光光源产品的销量占比达到 35.5%，而 LED 光源产品的销量占比仅达到 1.7%。

（3）分辨率：2024 年，XGA、WXGA、FHD 分辨率产品在中国教育投影市场中均占据了超过 20% 的销量占比，销量占比分别是 27.2%、26.2% 和 20.4%。

（4）色温：2024 年，中国教育投影产品色温主要集中在 3 000～5 000 K

区间段，销量占比为 80.7%；产品色温持续向 5 000 K 以上区间段转移，这一趋势反映了高等职业教育对教育投影产品的需求增长。

3．商务投影

2024 年，中国商务投影市场的销量达到 26.0 万台，同比下降 22.4%。2022—2024 年中国商务投影市场统计数据如表 4.14 所示。

表 4.14　2022—2024 年中国商务投影市场统计数据

类别	类别明细	销量占比		
		2022 年	2023 年	2024 年
投影技术	DLP	44.6%	54.9%	44.4%
	3LCD	48.1%	36.3%	55.6%
	1LCD	7.3%	8.9%	—
光源技术	LED	29.5%	36.8%	1.3%
	激光	9.7%	18.0%	32.2%
	汞灯	60.8%	45.2%	66.5%
分辨率	XGA	36.2%	26.3%	36.7%
	WXGA	11.4%	12.5%	21.8%
	FHD	38.3%	45.6%	26.4%
	WUXGA	3.5%	5.0%	9.3%
	UHD	—	—	0.6%
	其他	10.6%	10.6%	5.2%
色温	3 000 K 以下	29.5%	37.3%	3.1%
	3 000～5 000 K	67.2%	57.9%	87.1%
	5 000 K 以上	3.3%	4.8%	9.8%

（1）投影技术：2024 年，中国商务投影产品以 3LCD 技术产品为主，销量占比同比增长 19.3 个百分点，上升至 55.6%；其次是 DLP 技术产品，销量占比为 44.4%。

（2）光源技术：2024 年，中国商务投影产品以汞灯光源产品为主，销量占比为 66.5%；激光光源产品的销量占比为 32.2%，同比增长 14.2 个百分点；LED 光源产品的销量占比仅达到 1.3%。

（3）分辨率：2024 年，FHD 分辨率商务投影产品的销量占比为 26.4%，UHD 分辨率商务投影产品的销量占比达到 0.6%。

（4）色温：2024 年，中国商务投影产品的色温集中在 3 000～5 000 K 区间段，同比增长 29.2 个百分点，销量占比为 87.1%。

4.2.4 2024 年中国商用电视行业统计概况

2024 年，中国商用电视市场的整体销量为 473.7 万台，同比增长 5.9%。2022—2024 年中国商用电视市场统计数据如表 4.15 所示。

表 4.15 2022—2024 年中国商用电视市场统计数据

类别	类别明细	销量占比		
		2022 年	2023 年	2024 年
尺寸结构	32 英寸	11.0%	9.0%	4.5%
	43 英寸	33.0%	31.0%	27.5%
	55 英寸	40.0%	40.0%	43.5%
	65 英寸	9.0%	11.0%	13.5%

（续表）

类别	类别明细	销量占比		
		2022 年	2023 年	2024 年
尺寸结构	65 英寸以上	7.0%	9.0%	11.0%
应用场景	酒店及地产	34.0%	39.5%	42.7%
	医疗	22.0%	20.7%	16.1%
	零售娱乐	19.3%	20.9%	22.4%
	企业（非会议用途）	12.3%	9.3%	9.1%
	政府（非会议用途）	10.2%	5.9%	4.8%
	交通	0.8%	0.5%	0.5%
	会议场景	1.4%	3.2%	4.6%

（1）尺寸结构：2024 年，55 英寸商用电视产品成为中国商用电视市场主流，销量占比为 43.5%。55 英寸及以上商用电视产品的需求显著增加，销量占比同比增长 8.0 个百分点。

（2）应用场景：2024 年，中国商用电视产品的需求主要因酒店新建项目和智慧化升级改造需求的增加而增加，销量占比同比增长 3.2 个百分点，达到 42.7%。2024 年，中国商用电视产品在会议场景的应用增加，投屏显示成为会议场景的刚需，销量占比同比增长 1.2 个百分点，达到 4.4%。

4.2.5　2024 年中国大屏幕墙行业统计概况

大屏幕墙是由多个单元体共同拼凑而成的。大屏幕墙使用多个显示设备共同显示一个整屏的图像，主要由拼接单元、多屏处理器、信号切换与分配、控制系统等部分组成。根据子屏幕单元的成分，可分为小间距 LED 显示屏、LCD 拼接屏、DLP 拼接屏。

2024 年，中国大屏幕墙市场的销售额为 191.3 亿元，同比下降 10.4%。其中，小间距 LED 显示屏的销售额占比不断提升，达到 75.1%，LCD 拼接屏的销售额占比为 22.4%，DLP 拼接屏因维护成本较高，销售额占比仅达到 2.6%。2022—2024 年中国大屏幕墙市场统计数据如表 4.16 所示。

表 4.16   2022—2024 年中国大屏幕墙市场统计数据

类别	类别明细	销量/出货面积/（万台、万平方米）			销售额/亿元		
		2022 年	2023 年	2024 年	2022 年	2023 年	2024 年
行业整体		—	—	—	229.8	213.5	191.3
细分产品	小间距 LED 显示屏	92.9	108.4	114.3	165.5	155.4	143.6
	LCD 拼接屏	101.4	95.4	81.6	52.3	50.4	42.8
	DLP 拼接屏	1.7	1.1	0.9	12.0	7.7	4.9

1. 小间距 LED 显示屏

小间距 LED 显示屏是指像素间距（Pitch）在 2.5 mm 及以内的 LED 全彩显示屏，包括模组、拼接屏（固装）和一体机等形态的 LED 显示设备。小间距 LED 显示屏的应用以专业显示和商业显示领域为主，目前随着像素间距的微缩化和 Mini/Micro LED 的发展，小间距

LED 显示屏也逐渐进入家用高端影音领域。

2024 年，中国小间距 LED 显示屏市场的销售额为 143.6 亿元，同比下降 7.6%；出货面积为 114.3 万平方米，同比增长 5.5%。2022—2024 年中国大陆小间距 LED 显示屏市场统计数据如表 4.17 所示。

表 4.17　2022—2024 年中国大陆小间距 LED 显示屏市场统计数据

类别	类别明细	出货面积占比			销售额占比		
		2022 年	2023 年	2024 年	2022 年	2023 年	2024 年
封装技术	SMD（含 IMD）	97.9%	95.2%	89.1%	93.0%	86.8%	78.7%
	COB	2.1%	4.8%	10.8%	7.0%	13.2%	21.0%
	MiP	—	—	0.1%	—	—	0.3%
间距段	2.1～2.5 mm	45.3%	40.2%	28.6%	15.2%	13.4%	10.6%
	1.7～2.0 mm	31.9%	30.9%	23.3%	29.0%	25.6%	14.8%
	1.5～1.6 mm	11.5%	16.2%	22.1%	19.4%	21.5%	24.3%
	1.1～1.4 mm	9.8%	11.4%	23.9%	27.7%	29.8%	40.0%
	1.0 mm 及以下	1.5%	1.3%	2.1%	8.7%	9.7%	10.3%
应用场景	信息发布	10.1%	41.3%	71.8%	30.9%	35.9%	66.8%
	视频会议	52.0%	42.6%	19.7%	53.0%	43.5%	22.4%
	指挥监控	35.6%	12.7%	6.8%	14.7%	18.7%	9.6%
	其他商业显示	2.3%	3.4%	1.7%	1.4%	1.9%	1.2%
应用行业	教育	4.6%	18.5%	24.8%	12.6%	13.0%	20.4%
	政府部门	32.0%	31.3%	21.2%	37.9%	31.4%	25.3%
	公检法司	15.2%	12.2%	10.8%	6.9%	12.0%	12.9%

（续表）

类别	类别明细	出货面积占比			销售额占比		
		2022 年	2023 年	2024 年	2022 年	2023 年	2024 年
应用行业	公共服务	6.1%	5.4%	7.0%	10.2%	5.4%	6.3%
	广电传媒	3.2%	5.1%	4.3%	3.8%	5.2%	5.2%
	军队部队	2.1%	3.7%	4.3%	2.9%	4.3%	6.3%
	交通	8.7%	4.9%	2.6%	2.5%	4.5%	2.8%
	其他	28.1%	18.9%	25.0%	23.2%	24.2%	20.8%

（1）封装技术：当前，中国大陆小间距 LED 显示屏市场有三种封装技术共存发展，并各自在不同领域发挥优势。SMD 技术成熟且成本低，广泛应用于标准化场景，销售额占比为 78.7%。COB 技术以防护性强、散热好等特点快速渗透微间距市场，并在 2024 年展现了强劲势头，销售额占比较 2023 年增长 7.8%，达到 21.0%。MiP 技术的销售额占比为 0.3%，该技术凭借高兼容性和灵活性、降低初始投资和开发成本等优势，适用于多样化场景，尤其在大尺寸 Micro LED 直显领域表现突出。

（2）间距段：2024 年，1.1～1.4 mm 间距段产品的销售额占比为 40.0%，较 2023 年增长 10.2 个百分点，出货面积占比同比增长 12.5%。1.1～1.4 mm 间距段的产品能够成为年度销售额的贡献者离不开两方面：一是企业之前发布的新品和市场主推的产品都聚焦在该间距段；二是规模增速较快的、主力需求的市场均倾向于选择该间距段，如增速较快的教育和军队等新建项目，以及公检法司更新替换项目，基本采购 1.2 mm 间距的产品。

（3）应用场景：2024 年，中国大陆小间距 LED 显示屏在信息发布场景中的出货面积占比为 71.8%，较 2023 年增长 30.5 个百分点。小间距

LED 显示屏主要在军队部队、公共服务、零售连锁等行业的出货增速比较快。信息发布场景与超大尺寸的数字标牌相关，该应用场景的灯箱替换空间较大。LED 的性价比提升后，在商业显示领域的应用得到了迅速拓展，各大商超和品牌店基本选择采用小间距 LED 显示屏作为解决方案来展示产品。视频会议场景的出货面积占比为 19.7%。中国阶梯教室和报告厅的显示屏正在逐渐采用高性价比的小间距 LED 显示屏。指挥监控场景的出货面积占比为 6.8%，其他商业显示的出货面积占比不足 2%。

（4）应用行业：2024 年，小间距 LED 显示屏在教育行业的出货面积占比位居第一，达到 24.8%。小间距 LED 显示屏以信息发布场景应用为主，用于校园介绍、政策信息发布，以及体育场馆和操场方面；在视频会议场景中，小间距 LED 显示屏一体机的增量特别大，作为超大尺寸显示，开始替换阶梯教室和报告厅中的投影机产品。政务部门和公检法司的出货面积占比分别为 21.2%和 10.8%。

2. LCD 拼接屏

LCD 拼接屏是由 LCD 显示拼接成的一个大屏幕墙。目前，主流 LCD 拼接屏尺寸是 46 英寸、49 英寸和 55 英寸，拼缝有 UNB（3.50 mm）、TNB（2.50 mm）、ENB/eXNB（1.70/1.80 mm）、RNB（0.88 mm）等。LCD 拼接屏的使用范围广泛，主要用于监控指挥、展览展示、商场广告和会议政务等。LCD 拼接屏比小间距 LED 显示屏性价比高，但缺点是显示画面具有拼缝。

2024 年，中国 LCD 拼接屏市场的销量为 81.6 万台，同比下降 14.4%，销售额为 42.8 亿元，同比下降 15.1%。2022—2024 年中国 LCD 拼接屏市场统计数据如表 4.18 所示。

表 4.18 2022—2024 年中国 LCD 拼接屏市场统计数据

类别	类别明细	销量占比		
		2022 年	2023 年	2024 年
拼缝类型	UNB	77.2%	76.6%	77.9%
	TNB	2.1%	2.8%	2.5%
	ENB/eXNB	13.8%	12.3%	12.1%
	RNB	6.8%	7.8%	7.5%
	其他	0.1%	0.5%	0.0%
尺寸结构	55 英寸	67.4%	69.7%	71.0%
	46 英寸	26.2%	25.4%	28.3%
	49 英寸	5.6%	4.4%	0.6%
	其他	0.8%	0.5%	0.1%
应用场景	指挥监控	61.5%	71.7%	66.8%
	信息发布	19.8%	11.5%	23.5%
	商业显示	10.7%	9.4%	8.3%
	视频会议	8.0%	7.4%	1.4%
应用行业	政府部门	34.4%	33.7%	36.5%
	交通	16.7%	18.7%	16.9%
	商业服务	8.7%	7.8%	5.6%
	零售	6.5%	5.9%	5.4%
	能源	6.8%	6.9%	2.0%
	公共服务	5.2%	6.4%	2.0%
	其他	21.7%	20.6%	31.6%

（1）拼缝类型：中国 LCD 拼接屏市场的主流拼缝类型为 UNB、ENB/eXNB、RNB。2024 年，UNB 产品成为主流，销量占比达到 77.9%；

ENB/eXNB 产品次之，销量占比达到 12.1%；RNB 产品作为拼缝最小的产品，销量占比达到 7.5%。

（2）尺寸结构：目前，中国 LCD 拼接屏产品尺寸以 55 英寸和 46 英寸为主。2024 年，55 英寸产品主导市场，销量占比为 71.0%；其次是 46 英寸产品，销量占比为 28.3%；49 英寸和其他尺寸的销量占比仅达到 0.7%。

（3）应用场景：2024 年，中国 LCD 拼接屏产品以在指挥监控场景中应用为主，销量占比为 66.8%；其次是信息发布与商业显示场景，销量占比分别为 23.5% 和 8.3%；因为视频会议需考虑会议中拼缝影响显示效果，所以 LCD 拼接屏逐渐被小间距 LED 显示屏替代，应用不断下降，销量占比仅达到 1.4%。

（4）应用行业：政府部门和交通行业的销量占比超过一半，达到 53.4%。因农业、水利等行业需求不断增加，以及 LCD 拼接屏性价比高于其他大屏幕墙产品，LCD 拼接屏的应用行业不断开拓，其他行业的销量占比同比增长 10.9 个百分点，达到 31.6%。

第 5 章
中国电子视像行业半导体显示
供应链运行概况

5.1　2022—2024 年电子视像行业半导体显示供应链数据汇总

2022—2024 年电子视像行业半导体显示供应链数据如表 5.1 所示。

表 5.1　2022—2024 年电子视像行业半导体显示供应链数据

类别	品类	销量		
		2022 年	2023 年	2024 年
面板	智能手机面板/亿片	17.9	21.1	22.3
	中国智能手机面板/亿片	10.8	13.9	14.2
	电视面板/万片	26 043.3	23 100.7	24 385.9
	显示器面板/百万片	154.3	147.3	155.4
	大尺寸交互平板面板/千片	3 572.0	3 441	3 344
	车载显示面板/百万片	197.2	214.6	232.9
	平板显示面板/亿片	2.6	2.4	2.6
整机	投影机/万台	1 783.0	1 875.0	2 017.0

5.2　2024 年中国电子视像行业半导体显示供应链运行概述

5.2.1　2024 年智能手机面板行业统计概况

2024 年，全球经济呈现回暖态势，在此背景下，智能手机面板市场迎来显著复苏。随着 G8.6 代生产线产能的持续释放，各厂商的竞争加剧，推动了智能手机面板的销量。受上述因素的综合影响，2024 年智能手机面板销量呈现良好的表现。2024 年，全球智能手机面板的销量为 22.3 亿片（Open Cell 口径），同比增长 5.5%。

在技术结构方面，采用 a-Si LCD 和 OLED 的智能手机面板销量持续增长，采用 LTPS LCD 的智能手机面板的需求仍受到挤压。

a-Si LCD：现阶段依旧主要供应全球低端产品的需求，华南市场及各品牌提货量稳定。由于当前其他显示技术尚未对该技术产品产生实质性挑战，所以在 2024 年，其销量始终保持着持续且稳定增长的态势。2024 年，全球 a-Si LCD 智能手机面板的销量仍保持大幅度增长，同比增长 7.2%。

LTPS LCD：在智能手机终端的需求方面呈现持续下降的态势。由于 LTPS LCD 持续受到其他相关技术的挤压，终端品牌将部分原本采用 LTPS LCD 的中低端智能手机面板转向其他技术类别。因此，LTPS LCD 在 2024 年整体发展态势不佳，智能手机面板厂商的销量及相关指标明显下滑，同比下降 43.0%。

OLED：ROLED（刚性 OLED）主要受益于三星电子（SAMSUNG）品牌需求的增加，销量呈现出大幅度反弹，同比增长 47.1%。对于 FOLED（柔性 OLED）而言，一方面，各智能手机品牌的中高端机型市场需求持续处于增加状态，另一方面，国内 FOLED 智能手机面板产能逐步释放，良品率持续提升，在多种因素的共同作用下，2024 年 FOLED 智能手机面板销量整体依旧维持着较高的增长水平，同比增长 19.2%。

2024 年，全球智能手机面板销量前三名为京东方、三星显示和惠科。

2024 年，京东方智能手机面板的销量为 5.7 亿片，同比增长 2.5%，以 25.8% 的销量占比持续引领全球。从产品类型的销量来看，a-Si LCD 智能手机面板依旧是销量的主要贡献力量，销量达到 3.9 亿片。在经济回暖的大背景下，柔性 AMOLED 智能手机面板的表现同样亮眼，销量达到 1.4 亿片，同比增长 23.9%。这一增长不仅得益于宏观经济环境的改善，还与各智能手机终端对中高端机型需求的持续攀升密切相关。

三星显示以 3.7 亿片的销量位居全球智能手机面板市场第二。其中，ROLED 智能手机面板的销量为 1.7 亿片，同比增长 66.9%，展现出强劲的增长势头。然而，FOLED 智能手机面板受国内智能手机面板厂商竞争的影响，市场需求有所减少，同比下降 12.7%，这也反映出该细分领域在市场竞争及供需变化下所面临的不同发展局面。

在低端 a-Si LCD 智能手机面板需求持续扩大市场占有率的背景下，惠科的 a-Si LCD 智能手机面板稳定占据一定销量占比且有增长趋势。2024 年，其销量达到 2.3 亿片，保持全球第三。TCL 华星的 a-Si LCD 智能手机面板及 OLED 智能手机面板的销量大幅度增长，销量占比同比增长 4.2 个百分点，位居全球第四。

在 OLED 智能手机面板厂商方面，2024 年销量同比增加了 25.3%，国内智能手机面板厂商是销量增长的关键力量。

2024 年，全球 OLED 智能手机面板的销量为 8.5 亿片，同比增长 25.3%。其中，FOLED 智能手机面板的销量为 6.3 亿片，同比增长 19.2%。ROLED 智能手机面板的销量为 2.2 亿片，同比增长 47.1%。

三星显示在 ROLED 智能手机面板销量上仍有近 80% 的销量占比。因此，虽然其 FOLED 智能手机面板的销量占比持续下滑，但整体 OLED

智能手机面板销量还是保持增长趋势，仍然位居全球 OLED 智能手机面板销量第一。

2024 年，京东方凭借领先的产能优势，以及占据高端市场的战略，在激烈的全球竞争浪潮中稳居全球第二、国内第一的领先地位。随着第 8.6 代 AMOLED 生产线的布局，京东方规划在中尺寸 OLED 智能手机面板市场发力，满足市场对高品质中尺寸智能手机面板的需求。未来，京东方在 FOLED 智能手机面板领域的销量占比将有望进一步提升。

2024 年，维信诺的 OLED 智能手机面板的销量为 8 200 万片，销量占比为 9.7%，位居全球第三，国内第二。在智能手机应用方面，维信诺高端化供货持续攀升，并在新材料体系和护眼方案上实现行业领先。在新应用拓展方面，维信诺在开拓家电工控等新市场领域方面取得了显著突破。2024 年，维信诺面向行业推出 ViP 技术手表、智能手机及中尺寸全系列产品，以创新牵引市场。在量产推进上，维信诺提供技术支持的 G8.6 代生产线于 9 月动工，进展全球领先，将快速推动 ViP 技术转化为量产。

2024 年，TCL 华星和天马在国内 OLED 智能手机面板的客户群体较为稳定，销量保持较为稳健、稍增长的趋势，两家均为 8 000 万片左右，分别位居全球 OLED 智能手机面板销量的第四位和第五位，和友商之间的差距呈现逐渐减小的态势。TCL 华星和天马具备不容忽视的市场影响力，发展势头愈发值得期待。

展望 2025 年，智能手机面板市场的供需将逐渐平衡。"国家补贴"政策的加持将会推动智能手机面板市场的销量增长，柔性 OLED 智能手机面板的渗透率将会持续提升。

总体而言，智能手机面板市场正从过往快速变化、发展的阶段逐渐过渡到相对平稳但竞争更为激烈的阶段，厂商们需要依据市场的需求特点及时调整经营策略，以应对未来的挑战与机遇。

5.2.2　2024 年电视面板行业统计概况

2024 年，全球大尺寸液晶电视面板的销量为 2.37 亿片，同比增长5.1%；出货面积为 1.75 亿平方米，同比增长 8.0%。全年的出货面积同比增幅大于销量同比增幅，这反映了全球范围的液晶电视面板大尺寸化趋势仍在持续。2024 年，全球液晶电视面板的平均尺寸进一步上升到 49.6英寸，较 2023 年增加了 0.6 英寸。长期以来，电视供应链上下游均在致力于推行大尺寸化，这样一方面有利于消化液晶电视面板产能，另一方面能改善终端产品的价值和利润。

2024 年，中国电视面板出货量超过 2.34 亿片，同比小幅增长 1.6%，涨幅小于大盘，销量占比达到 66.4%，较 2023 年下降 2.3 个百分点。尽管如此，全球电视面板行业的话语权仍然牢牢掌握在中国厂商手中。从电视面板行业的发展规律来看，产能份额是话语权争夺和经营质量改善中最重要的因素。中国系电视面板厂商在液晶电视面板业已经拥有了绝对的"控盘能力"。动态的"控盘策略"操作流畅，执行到位、有效，深刻体现出中国系电视面板厂商经营战略和微观操作手法的成熟。

2024 年 8 月，夏普在日本堺市的工厂全面停产。同年 9 月，TCL 科技官宣收购乐金显示广州 G8.5 代生产线。收购完成后，TCL 华星在 LCD电视面板市场的销量份额将进一步增长；而中国厂商的合并销量占比将升至近 80%。届时，在中国厂商之外，全球 LCD 电视面板业就仅剩一家日系工厂，即位于中国广州的夏普 SDP 超视界 G10.5 工厂。长期来看，市场仍将面临"并购"和"出清"的境况，而中国的整合优势已经不可比拟，拿下全球所有大尺寸 LCD 电视面板产能只差最后一步。2022—2024 年电视面板行业统计数据如表 5.2 所示。

表 5.2　2022—2024 年电视面板行业统计数据

类别	类别明细	销量		
		2022 年	2023 年	2024 年
高世代线面板类型	LCD 电视面板	25 253.3 万片	22 570.7 万片	23 710.9 万片
	OLED 电视面板	790 万片	530 万片	675 万片
OLED 电视面板厂商销量	LGD	680 万片	430 万片	535 万片
	SDC	110 万片	100 万片	140 万片
LCD 电视面板厂商销量	BOE（京东方）	6 242.1 万片	5 518.2 万片	5 965.0 万片
	CSOT（TCL 华星）	4 553.5 万片	4 718.5 万片	4 809.0 万片
	HKC（惠科）	4 225.0 万片	3 798.9 万片	3 615.2 万片
	Innolux（群创）	3 128.3 万片	3 162.3 万片	3 360.0 万片
	Sharp（夏普）	1 246.2 万片	1 517.3 万片	1 531.1 万片
	CHOT（彩虹）	1 618.0 万片	1 472.5 万片	1 364.9 万片
	AUO（友达）	1 338.8 万片	1 462.5 万片	1 635.9 万片
	LGD（乐金显示）	2 234.0 万片	920.5 万片	1 429.8 万片
	CEC-Panda（熊猫）	257.8 万片	0.0 万片	0.0 万片
	Samsung（三星显示）	409.6 万片	0.0 万片	0.0 万片

（续表）

类别	类别明细	销量		
		2022 年	2023 年	2024 年
LCD 电视面板 分辨率结构	HD 电视面板	33.2%	22.4%	20.4%
	FHD 电视面板	15.8%	18.5%	21.1%
	4 K 电视面板	50.8%	59.0%	58.4%
	8 K 电视面板	0.2%	0.1%	0.1%

5.2.3　2024 年显示器面板行业统计概况

2024 年，全球显示器面板的销量约为 1.6 亿片，同比增长 5.5%。在全球显示器面板厂商中，销量排名前三的显示器面板厂商分别是京东方、TCL 华星和乐金显示。中国大陆显示器面板厂的全年销量占全球市场的 60%。

在需求端，电竞热潮兴起，如国际电竞赛事举办及《黑神话：悟空》游戏发售等，拉动电竞显示器需求；显示器面板在商用市场回暖，欧美地区的商用需求明显好转；在消费市场中，消费者对大尺寸、高刷新率的屏幕青睐有加，且新兴国家的购买需求首次提升，成熟市场也因产品更新换代刺激消费。

在供应端，显示器面板厂商积极调整策略，为提升产能利用率与营收，加大对大尺寸显示器面板的生产投入；同时，技术进步促使高刷新率、Mini LED、OLED 等创新显示技术得到广泛应用，降低生产成本，提高产品性价比，进一步推动显示器面板销量的增长。2022—2024 年显示器面板统计数据如表 5.3 所示。

表 5.3   2022—2024 年显示器面板统计数据

类别	类别明细	销量		
		2022 年	2023 年	2024 年
行业整体		154.3 百万片	147.3 百万片	155.4 百万片
高世代线面板类型	LCD 显示器面板	154.1 百万片	146.4 百万片	153.6 百万片
	OLED 显示器面板	0.02 百万片	0.9 百万片	1.8 百万片
分辨率	HD	1.6%	0.8%	0.1%
	FHD	73.8%	73.4%	73.0%
	QHD	10.6%	12.2%	14.0%
	WQHD	2.2%	2.6%	3.0%
	UHD	3.1%	4.5%	5.0%
	其他	8.7%	6.5%	4.9%
区域	中国大陆	56.3%	59.0%	60.5%
	中国台湾	24.7%	23.0%	22.5%
	日本、韩国	19.0%	18.0%	17.0%
尺寸结构	21.5 英寸以下	4.0%	3.2%	2.5%
	21.5 英寸	16.8%	13.7%	11.0%
	23.8 英寸	42.7%	41.8%	41.3%
	27 英寸	22.9%	28.5%	31.2%
	31.5 英寸	3.2%	4.1%	3.0%
	34 英寸及以上	3.5%	2.8%	3.5%
	其他	6.9%	5.9%	7.5%

（1）高世代线面板类型：2024 年，LCD 显示器面板在市场中依旧占主导地位。同时，随着消费者对高画质显示器的需求提升，OLED 显示器面板的销量增长显著，达到 1.8 百万片，同比增长 111.0%。

（2）分辨率：2024 年，FHD 显示器面板以 73.0%的销量占比居首，因其能满足普通消费者日常需求，且技术成熟、成本低，在新兴国家及对显示器性能要求不高的应用场景中得到广泛应用。此外，受多媒体内容高清化、技术进步与规模效应的影响，QHD、WQHD 和 UHD 等高分辨率显示器面板的销量占比呈增长趋势，电竞玩家的需求也助其发展。HD 显示器面板则因性能落后，在市场上逐渐被边缘化。

（3）区域：2024 年，全球显示器面板市场呈现由中国大陆主导、中国台湾次之、日本与韩国的销量占比收缩的局面。京东方、TCL 华星等中国大陆企业积极投身高世代生产线建设，不断扩大产能。通过规模效应及产业链整合，中国大陆企业大幅削减生产成本，在 LCD 显示器面板领域展现突出的价格竞争力。同时，日本与韩国的企业将战略重心转向 OLED 显示器面板，大幅削减 LCD 显示器面板产能。然而，OLED 显示器面板在技术普及方面进度未达预期，面临技术瓶颈、成本居高不下等难题。

（4）尺寸结构：2024 年，23.8 英寸仍是销量最多的显示器面板尺寸，销量占比为 41.3%。因其长期为主流尺寸，市场趋于饱和，且消费者对高分辨率、大尺寸产品的需求增长，分流了其销量占比。27 英寸显示器面板的销量占比增长至 31.2%，这得益于消费者对视觉体验的要求提高，在多场景中优势突出（电竞玩家需求推动）。同时，27 英寸显示器面板厂商加大产能投入、技术研发，以丰富产品和价格优势拓展市场。

5.2.4　2024 年大尺寸交互平板面板行业统计概况

2024 年，全球大尺寸交互平板面板的销量为 3344 千片，同比下降 2.8%；出货面积为 544.4 万平方米，同比微增了 0.2%。2022—2024

年大尺寸交互平板面板市场统计数据如表 5.4 所示。

表 5.4 2022—2024 年大尺寸交互平板面板市场统计数据

类别	类别明细	销量占比		
		2022 年	2023 年	2024 年
区域	中国大陆	68.4%	85.2%	84.4%
	韩国	21.6%	7.1%	9.4%
	中国台湾	10.0%	7.7%	6.2%
尺寸结构	55 英寸	5.8%	6.3%	4.4%
	65 英寸	29.1%	28.9%	25.9%
	75 英寸	29.6%	29.5%	29.9%
	85 英寸	0.6%	0.7%	0.9%
	86 英寸	34.2%	32.5%	36.3%
	92 英寸	—	—	0.1%
	98 英寸	0.6%	1.8%	2.4%
	100 英寸	0.0%	0.2%	—
	105 英寸	0.1%	0.1%	0.1%
	115 英寸	—	—	0.0%

（1）区域：2024 年，中国大陆大尺寸交互平板面板在全球的销量占比为 84.4%，同比微降了 0.8 个百分点；中国台湾和韩国的大尺寸交互平板面板的销量占比分别为 9.4% 和 6.2%。

（2）尺寸结构：2024 年，全球大尺寸交互平板面板的平均尺寸为 76.2英寸，同比增长 1.2 英寸。核心拉动力在于 86 英寸产品的增长幅度最大，销量同比增长 3.8%。当前，65 英寸、75 英寸和 86 英寸是大尺寸交互平板厂商集中采购的三个主流尺寸，合计销量占比为 92.1%，同比增长 1.2

个百分点。除了常规标准产品,大尺寸交互平板面板供应商也在积极开拓 21:9 的宽屏产品,如 92 英寸、115 英寸等。

5.2.5　2024 年其他半导体显示供应链统计概况

1．2024 年车载显示面板供应链统计

2024 年,全球汽车产业在智能化、电动化的浪潮中持续变革,作为智能座舱关键交互界面的车载显示面板市场也呈现出诸多新的发展态势。一方面,新能源汽车市场的迅猛发展,以及智能座舱功能的持续升级,为车载显示面板市场注入强大的增长动力;另一方面,显示技术的多元化创新和市场竞争的日益激烈,也推动着行业不断发展与变革。尽管全球经济环境存在一定的不确定性,但汽车智能化趋势及新能源汽车市场的快速增长显著地促进了车载显示面板的需求。调研公司的数据显示,2024 年,全球车载显示面板的销量达到 232.9 百万片,同比增长 8.5%,这表明车载显示面板市场具有较强的韧性和发展潜力。

2024 年,全球车载显示面板市场的竞争格局持续演变,中国车载显示面板厂商依托在全球显示产业中的领军位置,叠加中国汽车行业,特别是在新能源汽车产业蓬勃发展的加持带动下,中国大陆地区的车载显示面板厂商在全球竞争中的表现十分亮眼。据调研公司的最新统计数据显示,中国大陆的车载显示面板厂商的销量占比达到 51.7%,首次占据全球市场的半壁江山,打破原有市场竞争态势,成为推动行业发展的重要力量。同时,国际老牌车载显示面板厂商也凭借技术和品牌优势,在市场中坚守阵地,与中国大陆车载显示面板厂商展开激烈角逐。2022—2024

年全球车载显示面板市场的销量及销量占比如表 5.5 所示。

表 5.5　2022—2024 年全球车载显示面板市场的销量及销量占比

面板厂	销量/百万片			销量占比		
	2022 年	2023 年	2024 年	2022 年	2023 年	2024 年
京东方	32.8	35.4	40.9	16.6%	16.5%	17.6%
天马	28.6	29.6	36.9	14.5%	13.8%	15.9%
AUO	21.0	23.3	24.4	10.7%	10.9%	10.5%
JDI	24.7	24.0	19.7	12.5%	11.2%	8.5%
LGD	16.3	17.9	18.7	8.3%	8.3%	8.0%
IVO	9.4	11.5	14.7	4.8%	5.4%	6.3%
Innolux	15.2	15.7	12.6	7.7%	7.3%	5.4%
Truly	11.8	11.9	12.4	6.0%	5.6%	5.3%
TCL 华星	2.5	5.0	11.6	1.3%	2.3%	5.0%
HSD	9.5	10.6	11.5	4.8%	4.9%	4.9%
Sharp	13.5	13.7	11.5	6.8%	6.4%	4.9%
CTC	5.1	6.1	6.6	2.6%	2.8%	2.8%
其他	7.0	10.0	11.4	3.4%	4.6%	4.9%
总计	197.4	214.7	232.9	100.0%	100.0%	100.0%

　　京东方在 2024 年继续保持市场领先地位，销量达到 40.9 百万片，销量占比为 17.6%。京东方凭借其在显示技术领域多年的研发投入和丰富的产能布局，不仅能够满足不同客户的多样化需求，还在技术创新方面走在前列。京东方持续推出的高分辨率、大尺寸及 OLED 新技术的车载显示屏，在众多品牌车型上得到了广泛应用。

　　天马以 36.9 百万片的销量、15.9% 的销量占比紧随其后。天马在中小尺寸车载面板市场具有深厚的技术积累、丰富的产品线及长期稳定的客户合作关系。2024 年，天马更是加大高附加值产品的占比，其 LTPS LCD 技术产品的销量占比快速增长，同时垂直扩展车载产品集成度，助其车载业务营收占比大幅度增长。

此外，IVO（龙腾光电）、TCL 华星、Truly（信利国际）等中国大陆的车载显示面板厂商通过差异化的产品策略和成本优势，凭借本土供应链优势和不断提升的技术实力，在车载显示面板市场中崭露头角，占据一定的销量占比。

2024 年，AUO（友达光电）、Innolux、CTC（深超）等中国台湾车载显示面板厂商的总销量占比为 18.7%。其中，AUO 的销量最为突出，为 24.0 百万片，销售占比为 10.5%，位居全球第三。AUO 在车载显示技术方面一直保持着较高的研发水平，不断推出具有创新性的产品，如曲面设计、大尺寸贴合及 AmLED 等尖端显示技术，在高端车载显示面板市场占据一席之地。AUO 在 2024 年更是确定了融合 BHTC（Behr-Hella Thermo Control）子公司资源的战略，整合了车用显示器与人机交互界面的研发资源，致力于构建先进的智慧车舱系统解决方案，深化布局车载显示产业和拓展国际市场，为 AUO 的长远发展注入了新的活力和竞争优势。

在车载显示面板方面，韩国车载显示面板品牌仍以 LGD 为主，SDC 仅在 OLED 车载显示面板市场有所出货。2024 年，LGD 车载显示面板的销量为 18.7 百万片，以 8.0%的销量占比位居全球第五。LGD 依托在 LTPS LCD 市场及 OLED 车载显示面板领域保持领先优势，在大尺寸、高清化、异形化和触控化等方向上持续创新，其产品一直以来都得到整车厂品牌的普遍认可，特别是在一些豪华品牌市场仍保持较高的销量占比。

2024 年，日本企业的车载显示面板销量占比仍呈现大幅度下滑的态势，占全球销量的 19.4%。其中，JDI 在车载显示面板市场面临困境，2024 年，JDI 车载显示面板的销量约为 19.7 百万片，销量占比下滑至 8.5%，位居全球第四。由于 JDI 10 余年持续亏损，市场需求转变及竞争加剧使其处境艰难，所以 JDI 变卖资产，计划关闭茂原和鸟取工厂，同时推进 "beyond display" 计划转型，其未来车载显示面板市场发展仍将颓势难止。

2024 年，车载显示面板技术将继续呈现多元化且快速发展的局面。传统 LCD 技术持续优化，大尺寸、高分辨率等技术的应用提升了显示品质；OLED 技术凭借自身优势获得更多汽车品牌的青睐，应用范围随之扩大。据调研公司的最新统计数据显示，2024 年，全球 OLED 车载显示面板的销量约为 260 万片，同比增长 1 倍以上。Mini LED 作为新兴技术开始在高端车型中崭露头角。2024 年，全球 Mini LED 车载显示面板的销量约为 120 万片，同比增长 41.2%。同时，在产品形态上，车载显示面板大尺寸化、曲面异形设计及一体化显示方案成为趋势，满足汽车智能化和个性化需求。未来，车载显示面板技术将继续呈现多元化发展趋势，LCD、OLED、Mini LED 等技术将不断创新和完善。随着 AI 技术的普及和汽车网联化的发展，车载显示面板技术将与其他智能设备实现更紧密的连接和交互，为用户带来更加智能化、个性化的体验。此外，显示与触控技术的融合、透明显示技术等新兴技术也有望在车载显示面板领域得到应用和发展。

2024 年，车载显示面板市场规模持续扩大，技术迭代加速，同时市场需求也显著增长。随着汽车智能化、电动化的深入发展，以及消费者对智能座舱体验要求的不断提高，预计未来几年车载显示面板市场规模将继续保持增长态势，尤其是新能源汽车市场的持续扩张，将为车载显示面板市场提供广阔的发展空间。据调研公司的最新预测数据显示，2025

年全球车载显示面板的销量将保持 5.4%的高速增长，销量达到 2.5 亿片。同时，车载显示面板市场将面临更多的挑战。一方面，国内厂商在技术实力和销量占比上的不断提升，将对国际厂商造成更大的竞争压力，市场竞争将更加激烈；另一方面，一些科技巨头和汽车厂商也开始涉足车载显示领域，以合作或自主研发的方式进入市场，加剧了市场的竞争激烈程度。此外，行业整合也可能会加速，一些规模较小、技术实力较弱的厂商可能会承受较大的经营压力。随着车载显示面板市场的发展，其竞争格局可能会发生一定的变化，行业参与者需要不断创新和提升自身实力，以适应市场的变化和发展。

2．2024 年平板显示面板供应链统计

2024 年，全球平板显示面板的销量为 2.6 亿片，同比增长 8.3%。随着全球经济逐步回暖，平板计算机应用场景不断丰富、生产力属性逐步增强，平板显示面板的销量实现了有效提升。2022—2024 年平板显示面板市场统计数据如表 5.6 所示。

表 5.6　2022—2024 年平板显示面板市场统计数据

类别	类别明细	销量占比		
		2022 年	2023 年	2024 年
面板类型	a-Si LCD 平板显示面板	86%	85%	84%
	LTPS LCD 平板显示面板	5%	7%	7%
	Oxide LCD 平板显示面板	8%	7%	6%
	OLED 平板显示面板	1%	1%	3%
区域	中国大陆	59%	62%	72%

（续表）

类别	类别明细	销量占比		
		2022 年	2023 年	2024 年
区域	中国台湾	19%	19%	14%
	韩国	16%	14%	12%
	日本	6%	5%	2%

（1）面板类型：2024 年，a-Si LCD 平板显示面板仍占据主导地位，销量占比为 84%，较 2023 年略有下滑。由于技术较成熟且成本较低，a-Si LCD 平板显示面板是大多数平板品牌的首选，在中低端市场表现尤为明显。LTPS LCD 平板显示面板表现平稳，一方面，随着其他技术成本的降低，给 LTPS LCD 平板显示面板带来一些竞争压力；另一方面，LTPS LCD 平板显示面板在刷新率等方面性能优异，有着难以被替代的优势。OLED 平板显示面板的销量增长最为明显，2024 年销量占比达到 3%，同比增长 2 个百分点。在自发光、色彩鲜艳、低能耗、超薄等优势推动下，苹果公司在其平板产品中首次搭载了 OLED 技术，推动了 OLED 技术的普及和产品份额的快速提升。

（2）区域：2024 年，中国大陆平板显示面板的销量占比超过 70%，同比增长 10 个百分点，这主要受益于京东方等行业龙头企业的销量提升，中国大陆成为平板显示面板市场供应调控的主导力量。同时，其他区域的平板显示面板的销量占比均有所下滑。

3．2024 年投影显示面板供应链统计

投影显示面板作为智能投影设备的核心组件，直接决定了投影机的成像质量、亮度、对比度等关键性能指标。随着消费电子市场对便携、高清投影需求的增长，投影显示面板技术也在不断革新，成为在供应链中最具技术壁垒和价值含量的环节之一。

当前市场上主流的投影显示面板技术主要分为以下 3 类。

（1）LCD 技术。LCD 技术的原理是通过液晶分子来调控光线，进而实现图像投影。LCD 技术主要包括 1LCD 和 3LCD 两种技术。1LCD 技术由于光透过效率低、画面亮度难以提升，且在高温下易出现画面模糊、色彩漂移等问题，所以主要应用于入门级家用投影。3LCD 技术则属于较高阶的技术，具有图像色彩饱和度高、层次丰富、色彩分离度好等优点。

（2）DLP 技术。DLP 技术由德州仪器公司开发，采用数字显微镜装置（DMD）芯片，通过控制微镜的翻转反射光线。DLP 技术的优势在于高对比度、响应速度快、色彩还原准确，该技术已成为中高端投影市场的主流选择。但 DLP 技术依赖色轮分色导致彩虹效应，原生 4 K 分辨率需大尺寸芯片，低分辨率芯片需抖动技术模拟，因此会影响画质效果。

（3）LCOS 技术。LCOS 技术结合了 LCD 技术和 DLP 技术的优点，通过硅基反射技术实现更高的分辨率和对比度，适用于高端家庭影院和专业投影设备。然而，LCOS 技术的制造工艺复杂、良品率较低，导致成本较高，市场普及率相对有限。

2022—2024 年全球投影显示面板市场技术统计数据如表 5.7 所示。

表 5.7　2022—2024 年全球投影显示面板市场技术统计数据

类别	类别明细	销量占比			销售额占比		
		2022 年	2023 年	2024 年	2022 年	2023 年	2024 年
投影显示面板技术	DLP	28.1%	26.4%	22.2%	53.3%	51.8%	49.6%

（续表）

类别	类别明细	销量占比			销售额占比		
		2022 年	2023 年	2024 年	2022 年	2023 年	2024 年
投影显示面板技术	1LCD	59.0%	61.4%	67.9%	12.0%	14.2%	18.5%
	3LCD	12.6%	12.0%	9.7%	31.9%	31.8%	29.7%
	LCOS	0.3%	0.2%	0.2%	2.8%	2.2%	2.2%

DLP 芯片由德州仪器（TI）独家供应，其 DMD 芯片覆盖从微型投影到高端工程投影的多个细分市场。由于 TI 的技术壁垒较高，所以其他厂商难以进入该领域。2024 年，TI 推出了 6 款新品，主要围绕三大方向升级：成本优化，0.65 英寸 WXGA 产品价格较上一代降低了 50%；4 K 普及，新增 3 款 4 K UHD 分辨率方案；工程应用，0.78 英寸 FHD 和 UHD 方案亮度提升近一倍，达到万级亮度以上。

1LCD 是国产化程度最高的技术，主要投影显示面板供应商包括京东方、华星光电等，主要采用 LTPS 技术。2024 年，1LCD 供应链呈现降本增效与技术升级双轨并行的发展态势：一方面，搭载 2.69、3.97、4.45 英寸主流面板的终端产品价格显著下调；另一方面，华星光电接连推出 3 英寸 FHD 和 5.5 英寸 4 K 两款高分辨率新品，持续推动产品结构升级。

3LCD 市场主要由日本厂商控制，爱普生和索尼是主要的供应商。目前，索尼不出售 3LCD 面板和相应技术。爱普生在日本北海道和长野、中国深圳、菲律宾，分别设有 LCD 投影显示面板和投影机整机工厂，主要采用 HTPS 技术。2024 年，爱普生终端产品价格明显下调，并首次推出 3 000 元以下的智能产品系列。

LCOS 投影显示面板的供应商较少，市场主要由索尼、JVC 主导，且多面向高端领域。由于生产成本高，LCOS 投影显示面板的市场规模相对有限。2024 年，上海海思正式推出 3LCOS 鸿鹄投影解决方案，包括 SoC、感知交互、光核、光幕和激光五大部分；晶帆光电成功点亮 0.78 英寸单片式全真像素 4K LCOS 芯片；中光学也发布了包含 3LCOS 和 1LCOS 两种架构的 6 个解决方案，均支持多光源兼容模式。

国内企业正加速推进投影显示面板的研发，以降低对国外供应商的依赖。例如，深圳科金明首创 2LCD 技术路线；海思与中光学相继发布 LCOS 技术解决方案；长虹公布了构成 Micro LED 投影仪整机结构、光阀结构和彩色化结构的多项技术专利。

投影显示面板技术正朝着更小尺寸、更高集成度的方向发展。典型代表包括 TI 的 0.2 英寸 DLP 芯片、爱普生的 3LCD 微型面板技术，以及华星光电的 3 英寸 FHD 和 5.5 英寸 4K 分辨率面板等创新产品。

随着用户对显示分辨率的要求提高，投影显示面板正在向 4K 及更高分辨率的方向发展。目前，DLP 技术和 3LCD 技术在 4K 投影市场竞争激烈；LCOS 技术以 4K 分辨率为基础；1LCD 技术也在 2024 年发布了多款 4K 产品，价格相比 DLP 技术和 3LCD 技术低 20%～30%。

第 6 章
中国电子视像行业新型显示技术
发展概况

6.1　2024 年 OLED 显示技术发展与展望

6.1.1　市场表现

（1）智能手机领域：2024 年，全球 OLED 智能手机面板的销量同比增长 25.3%。其中，柔性 OLED 的销量同比增长 19.2%，刚性 OLED 的销量同比增长 47.1%。

（2）中大尺寸领域：2024 年，全球 9 英寸以上的中大尺寸 OLED 面板的销量同比增长 116.5%，在电视、显示器、平板计算机和笔记本计算机等领域的销量均有所增加。

6.1.2　技术突破

（1）印刷 OLED 量产：TCL 华星全球首条印刷 OLED 生产线正式量产，首款产品为 21.6 英寸 4 K 专业显示屏，主要面向医疗设备。印刷 OLED 技术材料利用率超过 90%（蒸镀技术仅为 30%），且生产工艺更简单，真空腔体数量仅为蒸镀技术的 10%。

（2）材料体系创新：维信诺发布全新发光材料体系 F1，此举有助于打破海外机构在 OLED 领域的专利垄断。

6.1.3　产业发展

（1）产能布局加速：全球显示巨头加速布局 G8.6 代 OLED 生产线。

京东方成都 G8.6 代 OLED 生产线已完成厂房封顶，并启动"洁净室"（无尘车间）工程招标；维信诺开建全球首条采用无 FMM（ViP）技术的 G8.6 代 OLED 生产线；三星和 LGD 也在加快相关技术研发和产能规划。

（2）国产供应链成熟：国产 OLED 供应链逐步成熟，在材料国产化、产能提升等方面取得进展。例如，沃格光电旗下子公司的 OLED 上下保护膜正式量产，打破了海外单一供应商在高端保护膜领域长达 7 年的技术垄断。

6.1.4 技术发展方向展望

（1）提升能效：OLED 行业将继续聚焦于提升能效，寻找减少显示设备能耗的新途径，开发更高效的磷光 OLED 材料，进一步降低智能手机等设备的能耗。

（2）柔性技术深化：在可折叠、可穿戴、XR 等领域，OLED 柔性技术将不断深化，开发出更耐用、折叠半径更小、显示效果更好的柔性 OLED 产品，拓展更多创新应用场景。

（3）新制造技术探索：像有机蒸汽喷墨印刷（OVJP）等新制造技术将不断发展，提高生产效率，减少材料浪费，降低生产成本，同时提升显示质量。

6.1.5 市场应用趋势

（1）中尺寸市场增长：OLED 显示技术在平板计算机、笔记本计算机、显示器等中尺寸市场的渗透率将进一步提升，随着技术的成熟和成本的降低，有望逐渐成为中尺寸显示的主流技术。

（2）车载显示拓展：在汽车智能化趋势下，OLED 显示技术在车载显示领域的应用将更加广泛，除了中控屏，OLED 显示技术可能会在仪表盘、车内氛围显示等多个方面得到应用。

（3）物联网领域拓展：随着物联网的普及，OLED 显示技术将在智能家电、智能穿戴、智能家居等物联网设备中获得更多的应用机会，为用户提供更好的显示体验。

6.2　2024 年激光显示技术发展与展望

激光显示技术自诞生以来，凭借其独特的光源特性，一直被寄予厚望。2024 年，激光显示技术凭借差异化技术和产品竞争优势，不断巩固行业地位，并为显示产业带来新的增长点。

6.2.1　2024 年激光显示产业规模持续增长

市场调研公司的数据显示，2024 年，中国激光显示（包括激光电视）市场的销量为 111.8 万台，同比增长 21.0%；销售额为 147.8 亿元，同比下降 3.4%，市场整体呈现出"量增额跌"的趋势。

"量增额跌"的现象反映了市场的内外环境变化：一方面，受宏观经济和社会情绪影响，消费整体偏弱，信心不足，C 端消费降级，更加关注性价比，B 端用户降本增效，减少了不必要支出；另一方面，在政策扶持和企业努力下，激光显示技术的进步和成熟支撑了产品平均价格下降。

以三色激光技术为代表的核心部件国产化取得重大突破，大幅降低了综合成本。

从增长动因观察可知，激光显示产业整体规模保持 20%以上的增长，最大的牵引力在于家用激光显示市场的继续强劲增长。2024 年，家用激光显示市场的销量占比达到 78.8%，较 2023 年增长 9.6 个百分点；工程和商教激光显示市场的销量占比则分别下降 4.0 和 5.6 个百分点。激光显示产业正处于家用市场扩张、工程市场转型、高端技术升级的关键阶段。

6.2.2 激光显示应用场景发展现况存在差异

在场景应用方面，激光显示技术有着丰富的场景适应性，正在重塑显示产业格局，它正在渗透进更多细分领域，形成多点开花的发展态势。随着核心器件国产化、成本下降以及超高清内容普及，激光显示将加速渗透家用、工程、商用市场。从长期来看，激光显示在 VR、车载显示、户外移动显示等新兴领域亦具备潜力。

在家用市场方面，2024 年，家用激光显示市场的销量占比达到 78.8%，较 2023 年增长 9.6 个百分点。调研公司的数据显示，2024 年，中国家用激光显示产品的销量达到 88.1 万台，同比大幅增长 37.7%，远高于行业整体增速；销售额为 57.0 亿元，与 2023 年基本持平。2024 年家用激光显示产品以一己之力撑起了激光显示这个品类的发展速度。家用市场中的激光化趋势明显，2024 年 9 月起，升级的"国家补贴"政策更利好新光源、高单价的激光显示产品，有效刺激了品牌出货。同时，激光显示技术实现了 4 K 和三色激光的突破，从光源技术看，三色激光显示产品的销量占比达到 70.5%，较 2023 年增长 15.8 个百分点；从分辨率看，

4 K UHD 激光显示产品的销量占比回暖，达到 59.3%，较 2023 年增长
8.7 个百分点。

在工程应用市场方面，2024 年中国工程激光显示市场的销量为 11.5
万台，同比下降 12.6%；销售额为 70.7 亿元，与 2023 年基本持平，呈现
"价稳量减"的特点。大尺寸 LED 显示屏对工程激光显示产品形成挤压。
"万级高亮度机型＋高清 4 K"的高端技术逆势增长成为结构性亮点，万
级亮度以上的激光显示产品的销量占比从 2023 年的 7.8%提升至 2024 年
的 8.3%，4 K 分辨率激光显示产品的销量占比从 2023 年的 7.8%提升至
2024 年的 11.4%。市场需求向高亮度、高分辨率、高色彩性能的高端激
光显示产品转移，这也是激光显示产品均价提升的主要原因。这表明高
端市场对画质和技术的需求依然旺盛，行业市场对画质和技术的升级保
持敏感。

在商用市场方面，2024 年中国商用激光显示市场的销量为 12.2 万台，
销售额为 20.1 亿元，同比降幅均在 20%左右。商用激光显示市场同样面
临竞品的冲击。大尺寸交互平板及新兴会议电视等替代产品，均对商用
激光显示市场构成显著替代压力。其积极因素在于，商用激光显示市场
正加速向固态光源技术转型。随着欧盟宣布从 2026 年开始禁止生产或进
口带有可更换灯泡的传统投影机，激光显示产品会加速对汞灯的替代。

6.2.3　激光显示技术仍具发展潜力

2024 年，激光显示行业的代表性产品在画质、亮度、智能化和应用
场景上均有显著突破。无论是家用激光电视、便携式投影仪，还是商用
高端投影设备，都展现了激光显示技术的强大潜力。这些产品不仅提升

了用户体验，还推动了激光显示行业向更高分辨率、更广色域和更智能化方向发展。

在尺寸方面，更大尺寸成为激光显示技术重要的发展方向。"以小博大"是激光显示的核心竞争力之一。2024 年，海信发布 120 英寸"为大宅而生"的激光电视星光 S1 Max，并在 2025 年量产 150 英寸激光电视，突破现有消费级电视的尺寸上限。为了解决更大尺寸的用户体验问题，新一代超短焦投影镜头与柔性可卷曲屏幕技术将加速应用，激光显示产品"分离化"的形态优势不断得到深化。

在亮度方面，在 2024 年激光显示技术与产业发展大会上，海信展出 1 500 nits 全局亮度的激光电视。该激光电视采用全新一代 LPU 数字激光引擎，集成高精密架构芯片，行业领先的超短焦镜头和纳米级聚光增亮屏幕，实现全天候环境下的稳定画质输出，将激光显示性能提升至新高度。

在产品轻量化设计方面，激光显示小型化持续发展，在 2025 年国际消费类电子产品展览会（CES）上亮相的全球体积最小 4 K 分辨率激光电视，采用光源、光机一体化设计，主机体积较上一代缩小了 60%，整机尺寸仅相当于 12 英寸笔记本计算机，可投射 100 英寸显示画面。激光显示小型化使激光电视更适合家庭使用，尤其是小户型家庭，激光显示小型化能够提供大屏幕的观影体验。这一技术也为激光显示未来的应用场景拓展了更多想象空间，激光显示技术有望应用于便携的设备中，如手持投影仪或可穿戴设备，为用户提供更加灵活的显示解决方案。

在创新应用方面，激光显示技术可应用于多种车载显示场景，包括天幕投影、激光大灯、AR-HUD、后窗投影、车窗互动投影、内部大屏/分屏投影等。2024 年，车载应用成为激光显示场景革新的代表，而问界 M9 激光投影产品的落地成为标志性案例。光峰科技构筑起了从静态灯、动态彩色像素灯，到全彩激光投影灯、ALL-in-ONE 全能激光大灯的全系列照明解决方案，已累计获得 12 个车载业务定点。极米科技也已累计获得 8 个车载业务定点，定点项目涵盖智能座舱、智能大灯零部件产品。

6.2.4　激光显示产业链有序完成国产化布局

显示光阀等核心元器件正逐步实现国产化技术突破，投影镜头和抗光膜片等核心器件成本大幅度降低，推动激光显示技术向中低端市场加速渗透。半导体激光器光源效率提升，其中红色激光器光效未来能突破 40%，蓝色激光器光效突破 55%，绿色激光器光效突破 30%。

LCOS 国产化取得突破。2024 年 3 月，海思鸿鹄 3LCOS 投影方案问世，包括最新发布的多款 LCOS 驱动芯片。该技术基于 CMOS 硅基工艺，原生性地支持超高清分辨率，并具备超高对比度和超高刷新率等特点。该技术有望打破我国投影显示产业空间光调制器对海外厂商的依赖，对构建国产自主可控投影显示产业链具有积极意义。

抗光屏幕技术升级明显。作为国产化步伐走得最快的激光显示核心部件之一，抗光屏幕在 2024 年保持尺寸和性能双增长态势，并逐渐摆脱"配件"角色，成为激光显示产品不可或缺的核心组件。随着激光电视向大尺寸化方向发展，抗光膜片承担了支撑超大尺寸产品形态实现和优化的重任。2024 年，120 英寸超大尺寸抗光屏幕实现量产，成都菲斯特科技有限公司宣布启动 150 英寸超大尺寸菲涅尔光学屏幕的技术攻坚。同时，可卷膜屏幕、可折叠屏幕相继问世，让超百英寸大屏轻松入户，更能实现与家居环境的充分融合。2024 年，青岛海菲新材料有限公司成立，抗光屏幕产业伙伴队伍进一步壮大。

镜头国产化比例显著提升。以中山联合光电、沂普光电等为代表的国产镜头厂商相继突破国外企业在超短焦镜头技术专利上的限制，中国超短焦光学显示产品已经初步具备领先的基本市场格局，国产超短焦镜头销量达到 35 万套以上，冲击了国外企业垄断的超短焦镜头行业。以此为支撑，超短焦镜头价格显著下降，让行业用户得以用更低的价格享受原来被视为奢侈品的超短焦投影。

2025 年激光显示产业将继续保持高速增长，技术创新、应用场景拓展和市场普及将成为主要驱动力。预计 2025 年全球激光显示市场规模将超过 150 亿美元，年均增长率保持在 20%以上。中国作为全球激光显示产业的重要参与者，将在技术创新和市场应用方面发挥引领作用，推动激光显示技术走向更广泛的应用场景。

6.3　2024 年 Mini LED 技术发展趋势与展望

Mini LED 技术优化了传统背光技术，采用更小的芯片和更紧密的间距，提升显示质量。随着 Mini LED 背光技术在 LCD 屏幕中的广泛应用，其销量激增，不可避免地与 OLED 技术形成了正面交锋。这场技术之战跨越了大、中、小屏幕应用场景，呈现一种此消彼长的"零和博弈"态势，而非传统意义上的单一技术替代。

6.3.1　电视与车载应用双驱动

在 2024 年的显示市场，Mini LED 发展势头强劲，尤其是从电视市场到车载显示市场，Mini LED 在 2024 年的成本削减成效显著，成为品牌商提升产品性价比、增强市场竞争力的首选技术路径。同时，这一趋势有望长期促进 Monitor 市场的变革，推动 Mini LED 渗透率的稳步提升。而在汽车市场中，Mini LED 凭借其在可靠性和性能上的优势，占据了更高的销量。

万象智库的数据显示，2023 年全年搭载 Mini LED 背光车载显示屏的车型销量同比增长 1.6 倍，销量占比由 2022 年的 0.6%提升至 2023 年的 1.75%。除车载显示屏外，车型还包含大量非显示类的 Mini LED 车载应用在内，如饰带、车灯、电子后视镜等。2023 年全球车载市场 Mini LED 背光车载显示屏销量在 45 万片左右。未来，随着 Mini LED 车载应用空间不断拓宽，这一比重将继续上升，估测到 2027 年有望增长到 350 万片以上。搭载 Mini LED 背光车载显示屏的部分车型如表 6.1 所示。

表 6.1　搭载 Mini LED 背光车载显示屏的部分车型

车型	应用	发布时间
极氪 7X	16 英寸全球首款车规级量子点膜 Mini LED 显示屏，搭载 Mini LED 车载显示技术	2024 年 9 月
小米 SU7	16.1 英寸 TCL 华星 Mini LED 中控屏	2024 年 3 月
仰望 U8	23.6 英寸 Mini LED 仪表盘与 Mini LED 副驾驶娱乐屏	2023 年 7 月
林肯新款航海家	双 23.6 英寸环抱式 4K 超高清 Mini LED 屏	2023 年 4 月
理想 L7	Mini LED 安全驾驶交互屏	2023 年 2 月
飞凡 R7	搭载京东方联合隆利科技的 12.3 英寸 Mini LED 副驾屏、10.25 英寸 Mini LED 仪表屏	2022 年 9 月
第三代上汽荣威 RX5	搭载聚飞光电 27 英寸 4K Mini LED 全景智能交互滑移屏	2022 年 8 月
理想 L9	搭载聚飞光电 Mini LED 安全驾驶交互屏	2022 年 6 月
凯迪拉克 LYRIQ	群创光电 33 英寸环幕式 Mini LED 背光超视网膜屏	2022 年 6 月

（续表）

车型	应用	发布时间
奔驰 Vision EQXX	奔驰、大陆汽车集团及 TCL 华星合作研发的 47.5 英寸横贯 A 柱的 Mini LED 显示屏	2022 年 1 月
蔚来 ET7	搭载京东方 10.2 英寸 HDR Mini LED 背光数字仪表	2022 年 1 月

在 Mini LED 背光电视市场，一方面，技术层面取得显著进步；另一方面，政策补贴发挥了关键作用。就中国市场而言，诸如"以旧换新"家电补贴政策，有力地促进了 Mini LED 背光电视在家电消费市场的推广普及。2024 年第二季度，Mini LED 背光电视首次在销量和收入两大市场指标上超过 OLED 电视，成为高端电视市场的领头羊。在 2024 下半年，Mini LED 背光电视的销量更是爆发式增长。数据显示，2024 年 8 月至 2025 年 1 月的 6 个月期间，Mini LED 背光电视内销量同比增长 661%，渗透率攀升至 26%，带动全球 Mini LED 背光和直显产业驶入快车道。

6.3.2 IT 类终端应用优势显著

受激烈的价格竞争影响，Mini LED 和 OLED 这两种新型显示技术正受到越来越多的关注，预计其销量将迅速增长。在销量方面，2024 年 Mini LED 显示器的销量同比增长 36.7%。Mini LED 显示器在性价比上已经展现出了超越 OLED 显示器的优势。

以 27 英寸显示器为例，Mini LED 显示器的平均售价约为 3 700 元，而 OLED 显示器则约为 500 元。在性能相近的情况下，Mini LED 显示器的价格更具吸引力，从这一角度来看，Mini LED 显示器正进入发展快车道，预计在 2026 年至 2027 年进入大幅增长阶段。

除了 Mini LED 技术成本持续下降从而使其终端产品拥有一定的价格优势，Mini LED 显示器销量得以快速增长的另一原因则为 OLED 显示器市场逐渐趋于饱和。

在各类型的笔记本计算机中，Mini LED 机型仍旧被苹果公司主导，其他品牌的 Mini LED 笔记本计算机的销量相对较少。由于 Mini LED 笔记本计算机的价格通常较高，大多数品牌将其定位于超高端市场。例如，微星在 2023 年的 CES 大展上展示了其旗舰 Mini LED 笔记本计算机后，同样计划在 2024 年推出一款具有 4 K 分辨率和 120 Hz 刷新率的 18 英寸 Mini LED 旗舰机型。

尽管有市场消息称苹果公司会转向使用 OLED 技术，这可能会导致 Mini LED 笔记本计算机的市场规模有所收窄，但目前看来，各品牌并没有放弃在超高端旗舰产品上使用 Mini LED 技术的计划。品牌依然致力于在高端市场中保持其 Mini LED 产品的竞争力和市场地位。

6.3.3　产业链加速整合降本增效

在上游芯片方面，近些年基于 Mini LED 技术的产品较多，随着供给端技术的成熟，良品率及成本问题有显著改善，预计 Mini LED 技术将以每年 10%以上的速度迅速降低成本。

从驱动来看，一方面，AM 驱动已经从最初的 0.10 元每通道降至 0.04 元每通道，这一显著的降低得益于技术的进步和生产效率的提升。另一方面，Mini LED 技术的 100～300 微米级芯片的规模化生产对固晶精度、分选效率提出严苛要求，促使设备厂商开发高精度巨量转移系统。

在中游封装方面，随着工艺不断迭代，技术路线呈现明显的应用场景分层：面向高端显示市场的 COB 技术与主攻规模制造的 POB 技术形成互补格局。

COB 技术因其高可靠性、高亮度和高对比度等特性，在大尺寸显示领域得到了广泛应用。COB 技术通过将 LED 芯片直接放置在印刷电路板（PCB）上，用荧光粉层覆盖，从而减少了生产步骤，并提高了生产效率。随着 Mini LED 技术向大芯片和高速度贴片机的加工方式转变，COB 技术的成本也得到了大幅度降低。

展望 2025 年，随着产业链厂商继续整合上下游资源，持续降本迭代升级，技术的成熟和价格的下降将推动 Mini LED 技术在多个市场实现进一步渗透。

6.4 2024 年 Micro LED 技术发展与展望

不同于 Mini LED 技术的爆发式增长，Micro LED 技术在 2024 年仍面对成本和需求两大关键挑战，但在此趋势下，Micro LED 技术仍在 AR/VR 和商业显示等应用领域表现出不错的成绩。

6.4.1 Micro LED 技术开辟轻量化 AR 新路径

在 AR 领域，Omdia 预测的数据显示，当前及未来数年硅基 OLED 技术以相对较为成熟的技术优势和优越的显示效果仍将占据主流。2023 年硅基 OLED 的销量占比达到 71.8%，受苹果公司最新发布的 Vision Pro

及 Meta 等其他大厂相关产品的影响，这一比重将在 2024 年提升至 73.7%。当前 AR 设备中 Micro LED 技术的搭载率较低，但已经在快速增长。据统计，2023 年至 2024 年第一季度期间发布的产品中，Vuzix、雷鸟、魅族、李未可、Tesseract、影目科技、努比亚等品牌均有 Micro LED 产品推出，搭载 Micro LED 技术的 AR 产品已达数十款。各品牌搭载 Micro LED 技术的 AR 产品统计如表 6.2 所示。

表 6.2　各品牌搭载 Micro LED 技术的 AR 产品统计

品牌	产品	技术路线
Vuzix	Shield	Micro LED＋超薄双目波导
	Ultralite	Micro LED＋光波导
	Ultralite S	Micro LED＋光波导
雷鸟	雷鸟 X2	全彩 Micro LED＋衍射光波导
魅族	MYVU	单色 Micro LED＋光波导
	MYVU Discovery	全彩 Micro LED＋光波导
李未可	Meta Len S3	单色 Micro LED＋光波导
Tesseract	JioGlass	双目全彩 Micro LED
影目科技	INMO Go	单色 Micro LED＋光波导
努比亚	nubia Neo Air	单色 Micro LED＋光波导

随着 Micro LED 技术持续突破成本瓶颈，以及发光效率提升与微米级全彩集成技术的突破，硅基 OLED 的销量预计将逐步萎缩。Micro LED 技术将加速向消费电子终端渗透，2026 年，其销量占比将达到 45.6%。

6.4.2　MLED 直显市场活力十足

2023 年，全球 LED 显示屏市场规模约为 75.00 亿美元，小间距 LED

显示屏已成为市场的主导产品，其市场规模达到 34.50 亿美元，销量占比达到 53.70%。微间距 LED 显示屏（P≤1.0 mm，P 为像素间距，即 MLED 直显产品）的市场产品活力持续被激发，增长速度迅猛，目前大约占整个全彩 LED 显示屏市场的 5.00%。

万象智库数据显示，在 2024 年第一季度中国小间距 LED 显示屏市场中，MLED 直显产品的销售额占比已达到 12.20%，同比增长 3.00 个百分点，规模增长 35.00%；出货面积同比增长超 1.45 倍，占整体市场的比重也在上升，同比增长 1.35 个百分点，达到 2.64%。同时，MLED 直显产品价格下滑幅度也在 30.00% 以上。2024 年，中国 MLED 直显市场的规模增长 35.00% 以上，销售额达到 18.35 亿元。

6.4.3 Micro LED 穿戴设备应用趋缓

随着 2023 年 4 月友达全球首支 Micro LED 智能手表问世，且有消息称苹果公司即便延迟问世也要坚持在 Apple Watch Ultra 搭载 Micro LED 屏幕，以及可穿戴设备能够从 Micro LED 显示屏的高亮度和高效率特性中获益，而较小的屏幕尺寸和较少的像素数量有助于缓解制造初期产量不足的问题，可穿戴设备这一领域被人们一度认为将成为 Micro LED 显示屏的最大细分市场。

然而，2024 年 3 月最新市场消息称，由于多种因素，苹果公司已经暂缓了 Micro LED 智能手表的开发计划。虽然苹果公司的选择并不能代表整个可穿戴设备市场的发展态势，但其对于 Micro LED 技术的态度势必会在一定程度上影响可穿戴设备产品的市场选择。未来，将 Micro LED 技术导入可穿戴设备的进程预计将进一步延缓。

6.4.4 亟待产业化协同共助技术突破

虽然 Micro LED 产业整体面临成本和需求的双重"逆流",但产业链端的进展效果显著,在产品迭代、项目推进等方面国内企业均迈出坚实步伐。例如,天马 Micro LED 生产线全制程顺利贯通;辰显光电在成都成功点亮了首条 TFT 基 Micro LED 量产线;海信视像联合天马发布了 60 英寸无界晶连 Micro LED 电视;京东方华灿 Micro LED 晶圆制造和封装测试基地项目投产;思坦科技 Micro LED 生产线项目正式量产。产业链中企业对 Mini/Micro LED 持续投入与建设,Micro LED 产业化的进程将不断加速。

随着产业化进程不断深入,Micro LED 技术也在不断突破升级,巨量转移技术在 Micro LED 技术中扮演着至关重要的角色。经过不断迭代,当前激光转移已成为行业中的主流技术。2024 年,厦门大学联合厦门市未来显示技术研究院和天马微电子联合突破超高像素密度 TFT 基 Micro LED 全彩激光巨量转移技术,在业内首次成功打造出像素密度高达 403 PPI 的超视网膜显示 TFT 基 Micro LED 全彩屏,为该技术的进一步发展和应用奠定了坚实基础。

在封装方面,MiP 技术作为成本更低的"过渡"性封装方案在 2024 年持续放量,奥拓电子、艾比森、京东方、联建光电、海信、晶台、国星光电、芯映光电等众多行业头部的中游封装企业与下游终端品牌,均将目光聚焦于 MiP 扩产。2024 年的 MiP 类产品成功跨越了初期面临的产能瓶颈问题,即将踏入市场爆发的全新周期。而 COB 技术则进一步降低成本、挖掘增量市场,据业界相关数据表明,COB 封装组件的价格出现了显著变化。从 2018 年以 P1.25 规格计算的 4.8 万元/平方米，降至 2024 年的 0.9 万元/平方米。很显然，这一趋势将会推动 COB 产品的市场规模持续扩大。在市场需求呈现向高端化、品质升级方向发展的态势下，COB 产品自然愈发受到市场青睐。

此外，TFT 基 Micro LED 成为产业技术升级的核心热点之一。例如，辰显光电中国大陆首条 TFT 基 Micro LED 量产线正式点亮；天马微电携手海信视像及乾照光电共同发布全球最高 PPI 的 AM-TFT Micro LED 显示样机；国际市场的三星也联合友达等计划将 AM-TFT Micro LED 产品的成本降低幅度超过 90%等。AM-TFT 与 MiP 封装 Micro LED 的结合将进一步降低巨量转移成本，从而降低产品量产门槛。

总体来看，2024 年 Micro LED 技术在产业端的迭代升级效果相当显著。各厂商在量产生产线建设方面积极投入，针对更多新技术、新方案展开大量探索。这些成果为 Micro LED 技术产业化积累了关键技术储备，将显著加速其商业化落地进程。

6.5 2024 年电子纸技术发展与展望

6.5.1 电子纸模组市场分析

2024 年全球电子纸模组的销量为 30 963.0 万片，同比增长 32.7%。电子纸模组的销量主要应用于电子纸标签市场，电子纸标签市场的项目来源决定了销量。2023 年，由于电子纸标签终端项目不足，电子纸模组的销量呈现出下跌的态势，一直延续至 2024 年第一季度，2024 年第二季度随着市场需求的逐步回暖，生产端库存去化迅速，销量稳步提升并回归至正常区间。进入 2024 年第三季度，沃尔玛项目开启供货，以京东方、DKE、SEEKINK 为主导的模组厂商深度参与该项目，推动行业整体销量大幅提升。随着 2024 年第四季度项目供应持续，项目进入稳步供应期，电子纸模组的销量继续保持增长的态势。2022—2024 年全球电子纸模组市场统计数据如表 6.3 所示。

表 6.3　2022—2024 年全球电子纸模组市场统计数据

类别	指标	销量/万片		
		2022 年	2023 年	2024 年
尺寸段	2.00 英寸以下	5 395.7	3 009.6	11 914.2
	2.00～3.00 英寸	14 388.6	13 601.4	20 390.9
	3.00～4.00 英寸	2 903.4	2 799.6	2 461.0
	4.00～6.00 英寸	2 749.3	2 752.9	1 857.0
	6.00～9.00 英寸	102.8	979.9	2 031.3
	9.00 英寸以上	154.2	186.6	390.6
颜色	双色	4 419.4	1 399.8	12 343.9
	三色	19 733.0	19 807.2	25 508.1
	四色	1 541.6	2 099.7	1 132.8
	多色	—	23.3	78.1
终端	电子纸标签	24 418.2	20 600.0	28 727.0
	电子纸平板	1 102.0	1 254.4	1 720.3
	电子纸标牌	9.8	12.0	21.6

（1）尺寸段：全球电子纸终端应用仍集中于 2.00～3.00 英寸的尺寸段。2024 年，2.00～3.00 英寸的产品销量为 20 390.9 万片，同比增长 49.9%，销量占比达到 52.2%。但从代表尺寸来看已出现了明显的变化，由以 2.13、2.66、2.90 英寸为代表尺寸变为以 2.06 英寸为代表尺寸。2.00

英寸以下产品的销量占比逆转，中大尺寸化趋势减弱。2024 年，2.00 英寸以下产品的销量占比提升至 30.5%，较 2023 年提升了 17.6 个百分点，代表尺寸为 1.52 英寸。2.06 英寸和 1.52 英寸为沃尔玛项目采用的两大主要尺寸，因此两大尺寸从无到有，成为 2024 年模组销量最高的两大尺寸。3.00 英寸以上产品的销量占比为 17.3%，较 2023 年下降 11.5 个百分点。沃尔玛项目的影响使行业延续多年中大尺寸化的趋势实现逆转，但剔除沃尔玛项目的影响，电子纸模组的发展趋势仍是向中大尺寸化过渡。

（2）颜色：2024 年，三色模组仍为电子纸模组的主要出货颜色，销量为 25 508.1 万片，同比增长 28.8%，销量占比达到 65.3%，较 2023 年下降 19.6 个百分点。双色电子纸模组的销量为 12 343.9 万片，同比增长 781.8%，销量占比达到 31.6%，较 2023 年提升了 25.6 个百分点，双色电子纸模组销量的增长主要受益于沃尔玛项目的 2.06 英寸产品大规模使用了双色的电子纸模组。虽然受到沃尔玛项目需求的影响，出现彩色化趋势，但 2024 年是电子纸标签和电子纸平板彩色化快速发展的一年，且未来彩色化发展趋势不会发生逆转。

（3）终端：目前，电子纸标签、电子纸平板和电子纸标牌依旧是电子纸模组的主要应用领域，也是电子纸终端市场主流的三大类产品。电子纸标签占据市场销量的主导地位，支撑着电子纸模组市场的基本盘。随着市场向北美等新兴地区拓展，以沃尔玛为代表的全球头部零售厂商对市场进行加持，市场将保持稳定增长的态势。电子纸平板是电子纸模组领域销量增长最迅猛的细分市场，是电子纸模组行业整体销售额的主要来源。全球市场是电子纸平板的主要阵地，中国市场在多场景的加持下市场增幅远超全球平均水平，在国际市场愈发占有重要的市场地位。

电子纸标牌是电子纸模组行业未来发展的潜力股，应用领域的不断拓宽、技术迭代推动产品性能的不断改善，以及上游膜片成本的下降，都将为电子纸标牌行业注入新的发展活力。

6.5.2　电子纸应用终端市场分析

2022—2024 年全球电子纸应用终端市场统计数据如表 6.4 所示。

表 6.4　2022—2024 年全球电子纸应用终端市场统计数据

类别	指标	销量/万片、万台			销售额/亿元		
		2022 年	2023 年	2024 年	2022 年	2023 年	2024 年
应用终端	电子纸标签	24 418.2	20 600.0	28 727.0	48.8	41.2	43.1
	电子纸平板	1 102.0	1 254.4	1 720.3	268.8	326.0	487.0
	电子纸标牌	9.8	12.0	21.6	6.0	7.2	14.0
电子纸标签尺寸结构	2.00 英寸以下	5 127.8	2 657.4	9 275.8	6.8	3.3	10.4
	2.00～3.00 英寸	13 674.2	12 009.8	15 862.0	23.4	18.5	21.9
	3.00～4.00 英寸	2 759.2	2 472.0	1 919.5	7.8	6.6	4.8
	4.00～6.00 英寸	2 612.8	2 430.8	1 462.1	8.3	7.4	4.4
	6.00～9.00 英寸	97.7	865.2	190.8	1.5	4.1	0.9
	9.00 英寸以上	146.5	164.8	16.7	1.0	1.2	0.1
电子纸平板尺寸结构	7.00 英寸以下	724.2	821.9	1 026.7	134.4	130.4	154.0
	7.00～9.00 英寸	283.2	246.9	124.4	96.8	114.1	43.5
	9.00 英寸以上	94.7	185.6	569.1	37.6	81.5	227.6

（1）电子纸标签：电子纸标签目前主要面向 B 端客户，主要布局在零售领域。电子纸标签通过电子标签和配套系统替换传统纸质标签，可

完成千万片量级以上电子纸标签的集成管理、同步变价、定位闪灯等功能，更准确、高效、可持续地为零售企业提升管理效率。目前电子纸标签的主要布设场景为大型商超、便利店、连锁超市等新零售场所。随着电子纸标签应用的逐步深化，部分电子纸标签实现了在物流场景、医疗场景和文娱场景等多个领域的应用。2024 年，全球电子纸标签的销量为 28 727.0 万片，同比增长 39.5%；全球电子纸标签的销售额为 43.1 亿元，同比增长 4.6%。销售额增幅远低于销量增幅是因为沃尔玛项目大量采用了 2.00 英寸以下的产品，价格上没有很明显的体现，因此销售额增幅不够明显。

从尺寸结构上看，2.00～3.00 英寸是电子纸标签的主流尺寸段，受到沃尔玛项目的影响，2.06 英寸产品成为 2024 年该尺寸段销量最大的尺寸，但从应用范围来看，2.13 英寸、2.66 英寸和 2.90 英寸依然是市场的主流。2024 年，2.00～3.00 英寸电子纸标签的销量为 15 862.0 万片，同比增长 32.1%，销量占比为 55.2%，较 2023 年下降 3.1 个百分点。该尺寸段电子纸标签销量占比下降的主要原因是 2 英寸以下的产品增幅迅猛。2.00 英寸以下电子纸标签的销量达到 9 275.8 万片，同比增长 249.1%，销量占比达到 32.3%，较 2023 年增长 19.4 个百分点。该尺寸电子纸标签销量占比增长的主要原因是沃尔玛项目大量采用了 1.52 英寸的产品。2024 年，3.00 英寸以上电子纸标签产品在沃尔玛项目的影响下，销量出现了明显的下降态势，销量占比达到 12.5%，较 2023 年下降 16.3 个百分点。然而，随着未来沃尔玛项目逐步采用 3.00 英寸以上的电子纸标签产品，以及其他大型零售厂商大量采用 3.00 英寸以上的产品，3.00 英寸以上的产品有望继续实现往年的快速增长的态势。

（2）电子纸平板：以欧美国家为主的海外市场依旧是电子纸平板最

大的市场。一方面，由于欧美国家的人群具有良好的阅读习惯，以 Kindle 和 Kobo 为代表的品牌在海外市场实现了销量的高速增长；另一方面，海外品牌也在借鉴中国市场的经验，逐步拓展大尺寸、彩色化的产品，同时积极布局办公和教育场景，以 Kindle、remarkble 等品牌为代表的大尺寸产品也得到了消费者的广泛认同。2024 年，全球电子纸平板的销量提升至 1 720.3 万台，同比增长 37.1%。中国市场增幅连续多年高于全球，2024 年的销量为 238.6 万台，同比高增 111.7%，销量占比为 13.9%。中国市场由阅读场景已经完全过渡为以阅读、办公、教育三大场景为核心驱动力的发展格局，市场更富有活力。

从尺寸结构上看，以阅读器为代表的电子纸平板依旧是全球市场的主流，尺寸普遍在 7 英寸以下。2024 年全球 7.00 英寸以下产品销量为 1 026.7 万台，同比增长 24.9%，代表尺寸依旧为 6.00 英寸和 6.80 英寸。2024 年，9.00 英寸以上电子纸平板的销量保持高速增长态势，销量为 569.1 万台；同比增长 206.6%。该尺寸电子纸平板销量增长的主要原因是全球品牌向大尺寸的拓展，次要原因是中国市场在办公和教育领域的赋能。

（3）电子纸标牌：2024 年，全球电子纸标牌的销量为 21.6 万台，同比增长 79.7%。随着欧洲能源结构的变化，消费者对显示产品的功耗要求越发严格，电子纸标牌在欧美市场落地项目较多。然而，其发展也存在一定的阻碍，一是只能显示静态图像，无法展示视频和动画；二是成本是相同尺寸的 LCD 面板的几倍。

从尺寸结构上看，2024 年落地的电子纸标牌项目普遍以 13.30 英寸、25.00 英寸、31.20 英寸和 32.00 英寸等尺寸为主。一方面是这些尺寸的产品相对成熟，产品刷新等方面的性能能够保障场景的基本应用；另一方面是这些尺寸产品的价格相对较低，采购成本可控。更大尺寸也将会在未来几年陆续实现市场化，也将推动电子纸标牌逐步成为电子纸行业营收的主要来源。随着大尺寸电子纸膜片成本的下降，大尺寸产品更加满足节能减排的环保要求，电子纸标牌在未来将会成为另一个基础市场。

6.6　2024 年显示行业视觉健康发展与展望

6.6.1　消费者视觉健康意识不断增强

得益于消费电子生产厂家和检测机构对视觉健康理念的不断宣传，面对青少年视觉健康的严峻形势，消费者在选购电子产品时，除了对常规性能和价格的关注，更多了一层对产品视觉健康的关注。

调研公司的数据显示，消费者会根据感知程度对不同产品的部分指标有所关注：对大屏幕电视，普遍关注产品的刷新率、低蓝光、全光谱和环境光对比等指标；对智能手机，普遍关注夜间模式、低蓝光、亮度和环境光对比等指标；而对平板计算机，则关注低蓝光、环境光对比、闪烁和全光谱等指标。

消费者普遍认为产品的护眼功能能有效缓解视疲劳，并且对智能亮度调节功能有高度的认可。

6.6.2　显示行业产学研合作加强

高校和眼视光医院在视觉健康的研究中具有前期研究基础和天然优势，所以电子产品企业纷纷开展与高校和医院的合作，以面对消费者的需求，获得护眼技术的理论实践依据，并寻求新的产品应用技术突破点。

东南大学显示技术中心基于在显示技术及人因上的长期研究，提出了感知亮度的理论，对正确看待显示亮度具有新的指导意义；中国标准化研究院人因与功效学实验室长期从事人因工程研究，为众多企业的产品设计提供了指导；温州医科大学背靠眼视光医院和国家工程中心，长期从事青少年近视防控的研究；还有中山眼科、同仁眼科在眼视光方面的地位和成就，都成为电子产品企业进行产学研合作的热门追捧对象。

华为、京东方、TCL、小米、荣耀等行业领先企业纷纷与上述单位展开技术合作研究，寻找视觉健康技术在电子产品中的落地机会。

2024 年 9 月，TUV 莱茵在 SID 中国内部牵头成立人因与健康独立第三方检测实验室工作组，以加强和企业的直接互动。

6.6.3　电子产品企业纷纷打出护眼概念

随着电子产品企业对视觉健康和人因工程的日益重视，为配合消费者消费观念和消费需求的提升，电子产品企业增强了对用户人眼感知和视觉健康的宣传和开发，从追求性能参数转向追求用户体验，以寻求电子产品差异化。

（1）荣耀在其 Magic7 手机中推出了 AI 自然光绿洲护眼技术，通过直流调光和圆偏光技术，力求全面接近太阳光，同时推出动态离焦技术和 AI 智慧眨眼检测，以缓解视疲劳，并通过了 TUV 莱茵的全局护眼认证。

（2）小米则推出了一站式护眼解决方案"青山护眼"，旨在为用户提供更舒适的屏幕体验，降低视疲劳。"青山护眼"包括了全局 DC 调光、圆偏振光等技术，并获得了中山眼科的临床验证支持，以及中国质量认证中心的视觉健康友好度认证。

（3）科大讯飞在 AI 学习机上应用了创新的自然光显示技术，旨在通过模拟自然光的特性减少屏幕对眼睛的伤害，具体技术包括圆偏振、色温调节、无频闪、环境光感蓝光过滤等。

（4）2024 年 11 月，TCL 华星在创新大会上联合中标院、温州眼视光中心等，共同推出《视觉健康技术白皮书》（以下简称"白皮书"），白皮书剖析了消费者对视觉健康的需求，阐明了显示企业通过科技创新，推进显示产品视觉感知和健康护眼的发展，并提出全光谱的概念与评价手段。

此外，TCL 通讯在平板和手机中推出了 NXTPAPER 技术，以减少蓝光辐射和降低反光，使屏幕观感接近纸张；华为在其 Mate 手机中推出了色盲模式，帮助目标用户辨别色彩。

6.6.4　检测认证机构积极布局护眼概念，加持视觉健康理念

一方面是企业对自己护眼技术的第三方认可的需要，另一方面认证机构也有开展行业合作、拓展业务领域的需求，因此认证机构在视觉健康方向的业务得到了迅速的扩展。

TUV 莱茵除了从低蓝光开始的一系列的眼安全、眼舒适认证，还提出了建立标准人因模型库，促进显示产业健康发展的建议。通标标准 SGS 虽然入局晚于 TUV，但也和中标院合作，推出了一系列的护眼认证项目，包括低疲劳、眼保护、类纸、流畅性、颜色准确、低运动疲劳等。

第7章
中国电子视像行业人工智能技术
融合发展概况

7.1 人工智能技术融合电视的发展与展望

在当今科技飞速发展的时代，AI 技术已成为推动社会进步与产业升级的重要力量，凭借其多元化的核心能力，AI 技术在众多领域内展现出广泛的应用场景与巨大的发展潜力。

AI 技术已经成为电视行业竞争的重要战场，各大品牌纷纷推出带有"AI"标签的电视产品，借助这一新兴技术吸引消费者的关注。

在电视的产业升级过程中，AI 技术与电视的融合已经颠覆了行业对传统电视的认知。AI 技术在智能电视上的应用不断提升电视体验的每一个环节。同时，AI 技术在电视各个应用场景上的优化还在不断升级中。调研公司的数据显示，2024 年，泛 AI 智能电视的产品渗透率超过 70%。

由 AI 赋能的智能电视将超越传统娱乐设备的角色，成为家庭的智能控制核心，它不仅是家庭娱乐的中心，还将扮演智能家居控制中心、教育平台和健康顾问、家庭生活管理助手等多重角色。智慧大屏电视将全面参与家庭生活的各个方面，增强家庭生活的智能化水平和用户体验，为家庭成员提供更加丰富和便捷的服务，满足不同家庭的多样化需求，成为提升生活品质和促进家庭和谐的关键力量。

未来，智能化是电视产品不可或缺的特性，AI 技术在智能化、物联网连接等方面的深度应用将持续革新用户体验，智能场景识别、个性化推荐、人机交互等多方面的 AI 技术探索，也为消费电子行业的智能化转型提供了方向，推动了整个行业的技术融合与创新发展。未来，AI 技术在智能电视上的应用还将主要体现在以下三个方向。

在视听方面，AI 画质增强——将 AI 算法融入 AI 芯片中，通过对电视内容进行实时分析识别不同的场景和内容类型，自动调整色彩、对比度、亮度等参数；同时能将低分辨率内容提升至 4 K 画质。AI 音频优化——利用 AI 技术改善电视音频输出，通过智能分析音频内容，优化输出声音的虚拟环绕和立体声效果，从而达到优化音频体验的目的。

在交互方面，AI 交互体验——AI 技术与电视的深度融合，为用户提供智能语音交互、个性化推荐等功能；学习用户的使用习惯，优化电视的操作系统和用户界面，为用户提供更快速、更便捷的交互体验。AI 内容强化——AI 技术能分析用户历史观影数据和算法模型的学习，准确理解用户喜好，为用户提供个性化和精准的内容推荐，提升使用体验。

在服务方面，AI 服务提升——AI 技术将围绕家庭生活的衣食住行提供全面的服务。AI 技术将为每个家庭量身定制专属的时尚搭配助手；学习用户口味偏好和饮食健康需求并结合电视画面识别，推荐食谱并打通外卖平台。AI 技术将学习用户的生活习惯和喜好，帮助用户策划旅游和差旅方案，精心安排交通、酒店等。

7.2　人工智能技术融合学习机的发展与展望

AI 技术与学习机深度融合的底层逻辑的核心在于 AI 技术与现代教育体系的有机结合。因材施教一直以来都是社会对教育的理想化追求，然而，由于师资力量、教学资源等在不同地区分布不均衡，大规模范围内实现因材施教面临着巨大的挑战。而 AI 技术与现代教育在教学内容、师资配置及交互方式等方面却有着极为巧妙的契合点，这也充分体现了将 AI 技术落地应用于教育领域的必要性与迫切性。

现代教育模式大多形成于工业革命时期，规模化和标准化成为其显著的基本特征。这种教育模式基于社会分工的逻辑构建，旨在为社会各个行业培养大量的可用人才。与之相对应的是分专业的学科式架构及分级分班的规模化教学模式。AI 技术通常与大数据技术相辅相成，拥有丰富多样的各级各科教学资源，可以依托知识图谱构建万亿级数字资源库，实现教学要素的精准匹配。而且与教师资源在时空上的独占性不同，AI 技术能够突破时空限制，有望实现大规模的因材施教。此外，在教学交互方式方面，口语面授是主流的、学生们习以为常的教学交互形式，而 AI 技术的独特优势也在于其多轮自然语言交互能力能够实现互动性更强的问答式教学。由此，教育场景已然成为备受瞩目的 AI 技术应用的前沿领域。

从 AI 技术在学习机上的落地方式上看，当前主要以从云端调取大模型算力为主。随着 DeepSeek 等通用大模型在成本上不断降低及性能上持续提升，未来云端与端侧大模型协同应用将成为必然趋势。云端调取通用大模型的强大能力可以有效地解决诸如兴趣科普、文本润色等通用场景下的问题；在端侧部署小模型，则能够更好地解决垂直场景下的问题，如实现作业批改、口语练习等功能。同时，学习机作为终端设备，具备信息采集的天然优势，能够与端侧大模型形成数据反哺机制，从而有力地推动端侧垂类模型的不断成熟与完善。

展望未来，AI 技术与学习机实现融合发展的关键因素包括模型与算力、对教育业务的深刻理解和丰富的教育数据资源这三个方面。随着众多头部教育科技企业纷纷入局，这三个关键因素正逐步实现有机融合。

教育企业在教育业务理解及丰富的教育数据资源这两个方面具有明显的优势，而在模型与算力方面的不足，则可以借助像 DeepSeek 这样的开源通用大模型来加以弥补。开源通用大模型更低的调用成本有助于企业降低运营成本，更优的性能则能够推动教育应用的快速产品化进程。可以说，AI 技术与学习机的融合正处于加速演化的阶段，发展前景广阔。

7.3　人工智能技术融合智能眼镜的发展与展望

7.3.1　智能眼镜发展脉络

在 AI 大模型快速发展的影响下，XR 衍生品——智能眼镜迎来了关键进步，Ray-Ban Meta 在海外市场的成功。紧接着，在资本的积极带动下，智能眼镜迅速成为智能硬件行业的新热点。

智能眼镜的发展经历了三个主要阶段。

（1）早期探索阶段（2013—2016 年）。2013 年，谷歌发布 Google Glass，这款开创性的智能眼镜引入了语音控制和微型显示技术，为后续智能眼镜和 AR 眼镜的发展奠定基础。2016 年，Snap 推出了 Spectacles 眼镜，Spectacles 眼镜开创了智能眼镜的第一视角短视频拍摄，用户可通过眼镜拍摄并分享社交媒体内容。这一时期的产品形态简单，功能较为单一，但这为后续智能眼镜的功能扩展提供了思路。

（2）音频功能突破与市场初探期（2019—2021 年）。随着蓝牙技术的成熟和开放式音频技术的进步，与音频功能结合后的智能眼镜在一些大品牌的探索发展中重新回到了人们视野，在基础交互功能上打磨，并探索出了更多实用场景。2019 年，Bose 推出了 Frames 音频眼镜，首次将开放式音频扬声器嵌入墨镜框架，奠定了智能音频眼镜的核心功能形态。同年，亚马逊发布 Echo Frames，将语音助手 Alexa 引入智能眼镜，让用户通过语音指令实现听歌、查询信息等智能操作，极大提升了智能眼镜的实用性和交互性。2021 年，Facebook 与雷朋（Ray-Ban）合作推出 Ray-Ban Stories 眼镜，该智能眼镜几乎集合了上述智能眼镜的亮点功能：时尚外观、第一人称视角拍摄以及内置语音助手，Ray-Ban Stories 为后续集成 AI 功能的拍摄眼镜奠定了产品基础。

（3）AI 功能集成带动智能眼镜热潮（2023 年至今）。2023 年年初，AI 大模型横空出世，智能眼镜的人机交互方式与 AI 大模型在多模态交互上的优势天然吻合，AI 技术的成熟使智能眼镜向实现多模态交互的智能助手转变逐渐成为现实。2023 年 9 月，Meta（原 Facebook）与雷朋再次合作推出新一代智能眼镜 Ray-Ban Meta。该智能眼镜在前作基础上进一步集成了 AI 语音交互功能，支持用户通过语音与眼镜内置的智能助手对话，并优化了视频拍摄和分享功能。凭借时尚的外观和实用的 AI 功能，Ray-Ban Meta 上市不到一年销量就接近 100 万台，成为海外市场的爆款智能眼镜。这标志着 AI 大模型加持下的智能眼镜正式成为行业新热点，吸引国内外各大厂商加入研发 AI 智能眼镜的赛道。

2024 年，中国智能眼镜全渠道销量为 16.7 万副，销售额为 1.8 亿元，同比增长 44%。现阶段的智能眼镜可根据摄像头和 AI 功能的有无细分为三类产品：仅具有音频功能的智能音频眼镜、搭载大模型但仅具备音频功能的 AI 音频眼镜和既有 AI 功能又可实现拍摄功能的 AI 拍摄眼镜。

2024 年开始，AI 在智能眼镜中的渗透率随着新品入市而持续走高。AI 音频眼镜在中国市场的销量占比为 43.5%，较 2023 年增加了 7.0 个百分点。2023—2024 年中国消费级智能眼镜市场统计数据如表 7.1 所示。

表 7.1　2023—2024 年中国消费级智能眼镜市场统计数据

类别	类别明细	销量占比		销售额占比	
		2023 年	2024 年	2023 年	2024 年
产品类型	智能音频眼镜	63.4%	56.1%	50.6%	32.6%
	AI 音频眼镜	36.5%	43.5%	49.3%	66.1%
	AI 拍摄眼镜	0.1%	0.4%	0.1%	1.3%

7.3.2　智能眼镜未来发展趋势

（1）AI 边缘计算与智能眼镜融合。随着大模型轻量化技术的突破（DeepSeek-R1 高性能推理小模型），端侧 AI 处理能力显著提升。未来智能眼镜结合低功耗、高算力的 SoC 芯片，将实现云端协同计算：在本地运行的部分 AI 模型在离线状态下仍可实现语音指令控制、简单物体识别等功能，而复杂任务则还需云端 AI 服务完成。

（2）关键技术与硬件突破。除芯片算力外，微显示、光波导和电池等硬件技术的进步也是智能眼镜长期发展的关键。AI＋AR 的概念要真正落地，需要 Micro LED 量产提升和成本下探、光波导组件技术突破，以及整机轻量化方面显著提升。

（3）市场结构与生态演进。预计 2025 年以后，智能眼镜行业将经历市场结构重塑与生态体系的逐步完善的过程。产品形态、功能、使用场景将逐渐分化并进入不同的发展阶段。例如，智能眼镜率先在大众市场引爆，AI＋AR 智能眼镜逐渐接棒，为消费者带来更丰富的场景体验。

附录
中国视像行业部分相关
产业园区简介*

---

*1. 按照园区名称笔画排名
 2. 各园区介绍均来自其官方网站

广州经济技术开发区

　　广州经济技术开发区是国务院批准成立的首批国家级经济技术开发区之一，于 1984 年经国务院批准成立，与广州高新技术产业开发、广州出口加工区、广州保税区、中新广州知识城合署办公（统称"广州开发区"），实行"五区合一"的管理体制。广州经济技术开发区位于广州市的东部，穗港澳黄金三角洲的中心地带，东南、西南与东莞市、广州市番禺区隔江相望，陆路与广州市增城区、白云区、天河区相邻。至 2000 年年底，广州开发区规划面积已由 1984 年的 9.60 平方千米扩大到 88.77 平方千米，分成西区、东区（出口加工区）、永和经济区（广州台商投资区）和广州科学城 4 个区域。

　　西区位于黄埔新港、珠江与东江和横河交汇的三角地带，规划面积为 9.60 平方千米。经过十几年的开发建设，西区已发展成为配套设施完备的成熟工业园区。东区位于广州市黄埔区南岗镇东部，广州开发区西区北面，由南片和北片构成。永和经济区位于增城市永和镇，于 1993 年经广州市政府批准成立，规划面积为 34.70 平方千米。1995 年，广州市政府决定以永和经济区为载体设立广州市台商投资区。同年，广东省政府正式批准永和经济区由广州开发区统一开发和管理。广州科学城位于广州市区东北部白云生态保护区边缘，距市中心约 10.00 千米，于 1998 年 12 月 28 日奠基，规划面积为 37.47 平方千米。

　　截至 2025 年 1 月，广州开发区累计设立外资企业超 5 200 家，世界 500 强企业累计在区内投资项目 330 个，形成了汽车、新型显示、绿色能源、新材料、美妆大健康五大千亿元级产业集群，和高端装备、生物技术、集成电路三大百亿元级产业集群。2023 年，广州开发区实际利用外资首次突破 30 亿美元，连续 5 年位居国家级经济技术开发区之首。广州开发区以优化营商环境改革为全面深化改革的"头号工程"，先后推出 7 版改革方案，实施 700 余项改革举措，成为全球企业投资落户的"首选地"。特别是 2024 年以来，广州开发区优化营商环境改革再升级：发布建设广东省营商环境改革试点行动方案、优化"工业快批"审批服务机制的若干措施。

北京经济技术开发区（北京亦庄）

北京经济技术开发区，简称"北京亦庄"，是北京市唯一的国家级经济技术开发区。北京经济技术开发区于 1992 年 4 月开工建设；1994 年 8 月，经国务院批准为国家级经济技术开发区；2002 年 8 月，经国务院批准扩区至 46.80 平方千米；2010 年，市委、市政府授权开发区统一开发和管理大兴区 12.00 平方千米的产业及配套用地，开发区实际管辖面积达到 59.60 平方千米；2019 年 1 月 26 日，市委决定调整开发区管理体制，由开发区统一规划和开发建设亦庄新城，规划面积为 225.00 平方千米。

北京经济技术开发区位于北京市东南部，北临南五环，京沪高速穿区而过，距离首都机场 25.00 千米，距离天津港 140.00 千米，距离北京大兴国际机场 35.00 千米，距离雄安新区 110.00 千米，处在首都经济圈核心位置，是京津城市轴的支点。

建区以来，北京经济技术开发区从昔日阡陌农田成长为宜业宜居的产业新城，经济运行平稳有序。北京经济技术开发区以北京 0.35% 的土地贡献全市近 30.00% 的工业增加值，企业规模超过 8 万家，工业企业产值超亿元 185 家，超十亿元 54 家，服务业企业营业收入超亿元 421 家，超十亿元 68 家。北京经济技术开发区汇聚 77 家世界 500 强企业投资 140 余个项目。

2024 年，亦庄新城地区生产总值增长 9.00%；工业总产值突破 6 000.00 亿元，增长 14.80%；固定资产投资连续两年超千亿元；研发投入再创新高，增长 10.60%。作为北京高精尖产业主阵地的北京亦庄，已成为全市经济增长的主力军。2024 年，北京亦庄国家高新技术企业突破 2 300 家，国家级专精特新"小巨人"企业达到 155 家，在国家级经济技术开发区中排名前列。

成都经济技术开发区

成都经济技术开发区（以下简称"成都经开区"）于 2000 年经国务院批准成立，2006 年纳入《中国开发区审核目录公告》。近年来，成都经开区先后获批国家新型工业化汽车产业示范基地、国家生态工业示范园区、国家先进制造业和现代服务业融合发展试点园区。成都经开区位于成都平原东缘、龙泉山西侧，与龙泉驿区实行"政区合一"管理体制，是成渝地区双城经济圈发展主轴的重要门户，也是第 31 届世界大学生夏季运动会开幕式承办地，承担着成渝相向发展重要门户、新型工业化重要阵地、城乡融合发展重要战场的时代使命。

规模能级持续提升。2021—2023 年，在国家级经济技术开发区年度综合发展水平考核评价中，成都经开区地区生产总值、国家级孵化器数量、高新技术企业数量、规模以上单位工业增加值能耗等考核指标连续三年优于全国国家级经济技术开发区平均水平。成都经开区内聚集多家整车制造企业和几百家关键零部件企业，地区生产总值为 1 245.80 亿元、规模以上工业营业收入为 1 847.69 亿元。

主导产业集聚显著。成都经开区集聚一汽大众、一汽丰田等整车制造企业，中创新航、博世等关键零部件企业，西门子等研发机构，建有中德智能网联汽车基地，开放测试道路 596.00 千米，中国信息通信研究院（简称"信通院"）、腾讯等智能网联汽车龙头企业落户发展，逐步形成汽车主导产业与绿色环保、航天装备、新材料等优势产业多元共兴发展的现代化产业体系。

科技创新动能充沛。企业主体创新地位突出，成都经开区集聚科技型中小企业、高新技术企业、科创领军企业等各类创新主体 750 余家，"四上"企业 652 家，2023 年研发投入达 14.7 亿元。成都经开区的优质创新平台加速汇集，拥有国家级创新平台 11 家，院士（专家）创新工作站 14 家，相继落地吉林大学成都技转中心、信通院车联网创新中心等重大创新平台。成都经开区的科技创新成果不断涌现，2021—2023 年累计输出科技成果 838 项，获得有效发明专利 3 582 件，省级以上科学技术奖励 45 项。

开放活力持续增强。成都经开区深度融入成渝地区双城经济圈、成都都市圈建设，双港联动成渝"五定"公水联运货运班车累计开行 1 400 余趟、货值超 4 亿元。开放型经济体制建设成效显著，协同改革先行区建设获评四川省优秀，3 项自主制度创新成果获批在全省复制推广，顺利争取二手车出口转让登记权限下放，办理时限平均减少 50.00%，企业"走出去"更加便捷高效。开放经济发展成效显著，2023 年，成都经开区实现进出口总额达到 236.00 亿元，中法生态园荣获"2023 外向型高质量发展十佳园区"。

土地集约利用水平高。全面推行工业用地"标准地"供应，开展"亩均论英雄""混合用地"改革，土地集约节约利用取得明显成效，国家批复的 9.94 平方千米范围内土地开发率达到 99.40%，土地供应率达到 98.40%，土地建成率达到 99.10%，工业用地综合容积率达到 0.89%。2023 年，成都经开区在全省以工业为主导的国家级开发区土地集约利用排名中位列第六，领先于成都高新技术产业开发区、成都高新西园区、综合保税区等园区，工业企业亩均效益全市领先，A 类企业数量位居全市第一。

产城融合深入推进。围绕企业和人才的需求，成都经开区加快打造功能复合、职住平衡、服务完善、宜业宜居的城市新型社区。交通设施便捷畅通，已建成通车市政道路 204 条、约 396.60 千米。能源、给排水设施保障充足，工业企业重复利用水量达 1.10 亿立方米，用水、用能等配套设施能够满足工业企业生产需求。公共服务体系健全，公共服务资源丰富，步行 15 分钟可达龙泉驿区中医医院、四川省第三人民医院等生活配套区域，产城一体发展潜力巨大。

产业发展方向。成都经开区坚持因地制宜发展新质生产力，推动构建"一干主导、两业融合、多元共兴"的现代化产业体系，加快打造先进制造业高地。一是加快汽车产业转型；二是做强多元工业支撑；三是提升现代服务业能级。

合肥经济技术开发区

合肥经济技术开发区（以下简称"合肥经开区"）成立于 1993 年 4 月，是全国首批行政管理体制和机构改革试点开发区，2000 年晋升为国家级。合肥经开区拥有合肥经开区综保区、空港进境指定口岸、保税物流中心（B 型）、跨境电子商务综合试验区、合肥派河国际综合物流园五大开放平台，是中国（安徽）自由贸易试验区合肥片区核心区，正阔步迈向"长三角高质量发展示范区"。

合肥经开区现辖区面积为 268.97 平方千米（南区建成区为 83.12 平方千米，北区新桥科创示范区为 185.85 平方千米），常住人口 56 万人。全区设高刘街道办事处、海恒社区服务中心、锦绣社区服务中心、莲花社区服务中心、芙蓉社区服务中心、临湖社区服务中心、新港社区服务中心。大学城聚集本专科院校 24 所。

合肥经开区已建成创新能力领先的世界级新能源汽车产业基地和具有全球影响力的世界级集成电路产业基地，构建"3＋6"产业体系（新能源汽车、集成电路、生物医药三大战新产业＋智能家电、高端装备制造、汽车及零部件、智能终端、快速消费品、公共安全六大主导产业），新质生产力动能强劲，齐聚大众安徽、蔚来汽车、江淮汽车、联宝科技、合肥综合性国家科学中心大健康研究院等重点产业链项目，是安徽最大的先进制造业集聚区，拥有 4 座"全球灯塔工厂"，上市企业 15 家，世界 500 强投资企业 86 家，产业工人超 25 万人。

近年来，合肥经开区相继荣膺"国家新型工业化示范基地""国家制造业和现代服务业融合发展试点园区""国家低碳工业园区""国家外贸转型升级基地""国家进口贸易创新示范区""国家级双创示范基地""国家生态文明建设示范区（生态工业园区）""国家外经贸提质增效示范区"等荣誉。

苏州工业园区

苏州工业园区（以下简称"园区"）是中国和新加坡两国政府间重要合作项目，是世界看中国、看江苏、看苏州的重要窗口。1994 年 2 月，园区经国务院批准设立，行政区划面积为 278.00 平方千米，其中中新合作区面积为 80.00 平方千米，区域常住人口超 137 万。

2024 年，园区实现地区生产总值达 4 002.40 亿元，按不变价计算同比增长 7.00%；一般公共预算收入 415.30 亿元，同口径增长 1.00%；规模以上工业总产值为 6 909.20 亿元，增长 4.90%；固定资产投资为 683.70 亿元，增长 15.30%；社会消费品零售总额为 1 223.00 亿元；进出口总额为 6 914.30 亿元；实际使用外资为 19.90 亿美元。服务业占 GDP 比重的 53.00%。

开发建设 30 年来，园区积极探索开放与创新融合、创新与产业融合、产业与城市融合的发展之路，高质量发展不断迈上新台阶，在国家级经济技术开发区综合考评中实现"九连冠"，在国家高新区综合排名中提升至第四位，跻身科技部建设世界一流高科技园区行列。

2024 年,苏州工业园区实现规模以上工业总产值达 6 909.20 亿元;苏相合作区实现规模以上工业总产值达 503.90 亿元。2024 年,苏州工业园区实现高新技术产业产值占规模以上工业总产值比重的 74.00%;苏相合作区实现高新技术产业产值占规模以上工业总产值比重的 67.7%。

2024 年,苏州工业园区对照"开放创新的世界一流高科技园区"年度建设目标,优化升级科技创新政策体系,加快开展重点产业谋划布局,着力营造更加一流的区域创新生态,生物医药及大健康、纳米技术应用及新材料、人工智能及数字三大新兴产业产值分别实现 1 655.00 亿元、1 700.00 亿元、1 100.00 亿元。

截至 2024 年年底,园区累计有效期内国家高新技术企业超 3 000 家,累计培育独角兽及潜在独角兽企业超 220 家,科技创新型企业超万家;累计评审苏州工业园区科技领军人才项目 3 350 个;累计建成各类科技载体超 1 000.00 万平方米、公共技术服务平台 40 多个。

青岛经济技术开发区

青岛经济技术开发区于 1984 年 10 月经国务院批准设立,1985 年 3 月动工兴建,是全国首批 14 个国家级开发区之一。改革后,青岛经济技术开发区全域管辖面积为 478.00 平方千米。经过近 40 年开发建设,青岛经济技术开发区逐步发展成为青岛市乃至山东省开放型经济发展程度最高的现代化综合功能区之一,以占青岛市 4.20% 的陆域面积,创造了全市约 1/3 的进出口、1/4 的规模工业总产值、1/5 的 GDP、1/6 的实际使用外资。2020 年以来,青岛经济技术开发区先后获批国家生态工业示范园区、国家智能化工业园区示范试点、国家级园区循环化改造示范试点；综合发展水平连年位居全省开发区（高新区）首位、全国国家级开发区前列，获评"2021 年中国经济最具投资价值十大开发区"。

青岛市新型显示产业园（以下简称产业园）位于青岛开发区王台片区，于 2022 年 11 月 26 日揭牌成立。产业园占地面积达 14 304 亩，以"做强模组、突破面板、拓展终端、技术攻关"为发展方向，规划模组面板区、材料设备区和终端应用区三大片区，将打造成为引领区域发展的新型显示产业集聚区、全国新型显示产业高质量发展的新增长极、具有国际影响力的新型显示技术创新策源地。

目前，产业园已集聚京东方、融合光电、万达光电等一批产业链龙头企业，累计落户重点项目 29 个，总投资达 500 余亿元。2024 年，青岛西海岸新区新型显示产业集群获评山东省战略性新兴产业集群。产业园实现规上工业产值 449 亿元，同比增长 14%，营业收入规模突破 500 亿元，千亿级芯屏产业集群加速集聚成势。

根据青岛市"5 个 1"的工作要求，产业园建立由市级链长牵头抓总，市产业链专班指导协调，西海岸新区主推，青岛经济技术开发区主建的工作机制；形成了一套园区规划，包括产业规划、建设规划和建设实施方案；制定了一套园区政策；组建了一支政府、链主企业、金融平台、平台公司联合招商团队；加快设立总规模 120 亿元的 3 支产业基金。

产业园模组面板区（A 区）占地 5 754 亩，围绕链主企业京东方，上游背光模组支撑力已形成，不断提高模组的本地配套率；聚力招引 OLED、Micro OLED 等多赛道模组项目，持续放大显示模组影响力；重点招引龙头面板项目，为面板项目预留空间。材料设备区（B 区）占地 7 650 亩，青岛光电产业园一期装备研究院等 4 个项目陆续投产，超薄电子玻璃项目等企业专利储备充足，旨在突破国内产业瓶颈；继续聚焦材料部件、OLED 模组、半导体器件等环节，不断推动产业链延伸。终端应用区（C区）占地 900 亩，依托链主企业海信集团，强化激光显示自主创新，涌现了诸多"世界首发"的创新成果，奠定了激光显示作为未来显示技术主流之一的行业地位。

产业园基础设施配套已累计投入 90 多亿元，加快完善园区基础设施，新建、改造道路 22 千米、管网 143 千米；周边建设开投科创园研发中心、"青屏乐园"人才公寓、"京东方之窗"文化商业综合体等配套设施，幼儿园、中小学及青岛大学医学医疗中心等加快建设，从而打造青年发展友好、产城融合示范城区。

昆山经济技术开发区

昆山经济技术开发区（以下简称"昆山开发区"）从 1984 年自费创办起步，1991 年获评省级经济技术开发区，1992 年获"国批"跻身国家级开发区序列，辖区面积由 3.75 平方千米拓展到 108.00 平方千米，开创了在县级市设立国家级开发区的先河。41 年来，昆山开发区始终以扩大开放、改革创新为主题，以解放思想、抢抓机遇为先导，书写了一部解放思想的创业史、励精图治的奋斗史、波澜壮阔的发展史，用过硬的成绩闯出了一条举世瞩目的"昆山之路"。2018 年，江苏省委、省政府授予昆山开发区"改革开放 40 周年先进集体"称号。2024 年，昆山开发区成功获评江苏省外资总部经济集聚区，综保区绩效排名首次挺进全国前三。

21 年来，昆山开发区稳居国家级经济技术开发区综合发展水平全国前五；在全省经济技术开发区高质量发展综合考评中，连续 17 年稳居第二；营商环境连续 5 年稳居全国第二。

截至目前，昆山开发区累计引进欧美、日韩等 51 个国家和地区客商投资超 2 970 个项目，投资总额超 450.00 亿美元，注册外资超 250.00 亿美元，注册内资近 2 000.00 亿元。昆山开发区拥有制造业领域 31 个行业中的 27 个，覆盖战略性新兴产业所有 8 个大类。昆山开发区现有各类经营主体约 11 万家，形成了以 3 家千亿级特大企业、4 家百亿级骨干企业、61 家十亿级专精特新企业、258 家亿元级企业的企业矩阵。昆山开发区培育了 4 000 亿级的新一代信息技术、1 000 亿级的高端装备制造两大主导产业，"无中生有"打造了咖啡产业，咖啡生豆进口量、烘焙量占全国比重双超 60%，助力昆山荣获"国际咖啡产业之都"称号。昆山开发区以昆山九分之一的土地面积，完成了昆山近 30% 的一般公共预算收入、近 40% 的地区生产总值、近 50% 的工业产值、近 70% 的进出口总额。2024 年，昆山开发区完成地区生产总值 2 725.19 亿元，规模以上工业产值达 6 425.10 亿元，全社会固定资产投资达到历史最高位 339.60 亿元，工业投资达 107.00 亿元，营利性服务业达 250.00 亿元，进出口总额达 760.00 亿美元。

2025 年，昆山开发区坚持干字当头、勇挑大梁，聚焦"卡位新赛道、开拓新领域、培育新动能"，做好稳总量、扩增量、转贸易、建城市、盘资金、强治理六篇文章，全力勇拼经济发展新高度、塑造现代城市新样板、书写民生事业新答卷、铸优干部队伍新形象，在新征程上奋力打造国际一流的现代化园区。

武汉经济技术开发区

武汉经济技术开发区始建于 1991 年，1993 年 4 月，经国务院批准为国家级经济技术开发区。2000 年 4 月，国务院批准同意在区内设立武汉出口加工区。经过 4 次托管扩容（1996 年托管蔡甸区沌阳、沌口两街道；2006 年托管蔡甸区军山街道；2010 年托管汉阳区 10 平方千米共建区；2014 年 1 月整体托管武汉市汉南区），武汉经济技术开发区全区规划控制面积为 489.70 平方千米，中共武汉经济技术开发区工作委员会（汉南区委）、管理委员会（汉南区政府）代表武汉市委、市人民政府统一管理区内各项社会经济事务。

2024 年，武汉经济技术开发区扎实推动经济稳步前行，预计地区生产总值实现 5.00%的增速，总量超过 2 200.00 亿元。武汉经济技术开发区驱动经济"三驾马车"协同发力，预计固定资产投资同比增长 3.00%，外贸进出口同比增长 12.50%，社会消费品零售总额同比增长 8.00%。武汉经济技术开发区持续建设一流创新平台，强化企业科技创新主体地位，加快推进"企业研发平台全覆盖"行动，高新技术企业突破 2 000 家，科技型中小企业入库超 1 800 家。营造良好创新生态，持续加大科创投入力度，武汉经济技术开发区拿出 2 亿元设立科创供应链投资基金，探索创新投入风险政企共担机制，企业研究与试验发展经费投入增速近 50.00%。武汉经济技术开发区大力实施人才强区战略，组建科技创新和人才服务中心，新增国家级、省级高层次人才项目 20 个，入选"武汉英才"支持计划 116 人。武汉经济技术开发区加快推进创新载体建设，市级及以上孵化载体达到 27 家，成为集聚创新要素的关键力量。

2025 年，武汉经济技术开发区主要发展预期目标是地区生产总值增长 6.00%以上；全社会固定资产投资增长 6.00%；规模以上工业增加值增长 6.00%以上；社会消费品零售总额增长 6.00%以上；地方一般公共预算收入增长 5.00%以上；完成单位地区生产总值能耗下降任务；居民人均可支配收入与经济发展同步增长；国家级经开区排名持续争先进位。

2025 年，武汉经济技术开发区将全力做好七个方面工作：加快产业转型，构建"135"现代化产业体系；完善创新生态，锻造动力强劲的发展引擎；大抓改革开放，打造营商环境的强力磁场；优化空间布局，建设产城融合的现代城市；擦亮生态名片，用活山水林田的资源禀赋；办好民生实事，增进更多可观可感民生福祉；升政府效能，打造廉洁高效的服务型政府。

重庆经济技术开发区

重庆经济技术开发区是西部地区最早设立的国家级经济技术开发区，规划发展面积为 160.05 平方千米，是重庆主城东部槽谷地区经济发展的重要引擎，是主城东南门户、南向大通道的起点。

重庆经济技术开发区内布局有重庆东站枢纽新城、迎龙创新港、重庆脑与智能科学中心，是国家绿色产业示范基地、国家密码应用创新示范基地、国家新型工业化物联网产业示范基地、国家双创示范基地、重庆生态环境科技创新基地等。

当前，重庆经济技术开发区正全力助推成渝地区双城经济圈和西部陆海新通道建设，紧紧围绕"33618"现代制造业集群体系和"416"科技创新布局，以再造一个"南岸工业"为目标，以开发区改革优化重塑体制机制作为重大战略机遇，深化园区开发区改革，更加突出企业主体地位。重庆经济技术开发区加快发展新质生产力，聚焦"3＋2"重点产业发展方向，迭代构建以新一代电子信息、智能装备及智能制造、软件信息服务业 3 个产业集群和 13 条产业链为支撑的"313"产业体系，已吸引网易、阿里巴巴、京东等世界 500 强企业在区投资，产业能级、创新能级、开放能级、城市能级不断提升。

重庆经济技术开发区 2024 年全年实现 654.00 亿元地区生产总值，同比增长 6.80%，高于全市增速 1.1 个百分点。其中，第一产业实现 2.00 亿元增加值，同比增长 3.50%；第二产业实现 326.10 亿元增加值，同比增长 3.90%；第三产业实现 325.90 亿元增加值，同比增长 10.00%。在商务部综合考评中，位列重庆第一。

绵阳经济技术开发区

绵阳经济技术开发区（以下简称"绵阳经开区"）成立于 2000 年 8 月，2012 年 2 月与绵阳科技城现代农业科技示范区整合，同年 10 月升级为国家级经济技术开发区。绵阳经开区管辖塘汛街道和松垭镇，总面积为 65.00 平方千米，纳入城市控规 45.00 平方千米，建成区面积为 27.32 平方千米，七普人口约 16.70 万，常住人口约 21.00 万。绵阳经开区是国家级绿色工业园区、四川省优秀工业园区、四川省新型工业示范基地，拥有四川省首批化工园区、国家级中小企业连接器特色产业集群、省级中小企业智能家电终端核心零部件特色产业集群，正向着"加快建成千亿园区、奋力挺进全国 50 强，打造西部高质量发展示范区"的目标阔步前行。2024 年，绵阳经开区实现地区生产总值增长 8.70%，规模以上工业增加值增速 16.90%，全社会固定资产投资增长 6.40%，社会消费品零售总额增速 7.70%，一般公共预算收入增长 11.70%。

绵阳经开区发展思路明确，优势产业突出。绵阳经开区坚持一张蓝图绘到底，始终践行把经济技术开发区建成"先进制造业集聚区和区域经济增长极"这个初心和使命，突出发挥新型工业化主导作用，坚持科技创新引领，把发展经济的着力点放在实体经济上，着力构建以先进制造业为核心的现代化产业体系，努力探索工业化与信息化融合、制造业与服务业融合、产业与城市融合的发展道路。绵阳经开区专注发展智能终端、新型功能材料、智能装备三大主导产业和精细化工、电子元器件两大特色产业，战略布局核医疗（学）产业、低空制造、人工智能三大未来产业，打造"3＋2＋3"产业体系。

绵阳经开区区位优势独特，生产要素富集。绵阳经开区距市中心约 2.00 千米，距绵阳火车站、客站和货站约 5.00 千米。绵阳经开区经过区内的绵阳城市二环路、成渝环线高速（G93），与京昆高速（G5）成绵广段、九绵高速等互通相融。位于绵阳经开区内的绵阳南郊机场开通航线 80 条，通航北上广深等 38 个城市。南湖汽车站开行城际线路 40 条、日发 120 班次。绵阳经开区土地资源较丰富，供地手续便捷；水电气网及道路骨架网络等基础设施齐全；辖区日供水 9.3 万吨，日供气 300 万立方米，3 座污水处理厂日处理污水 51 万吨，有 220kV 等级变电站 1 座、110kV 变电站 4 座。绵阳经开区已建成 21.20 万平方米的电子制造产业园、9.70

万平方米的生物医药产业园、8.20万平方米的先进制造业服务中心、4.30万平方米的长虹包装印务、2.40万平方米的精密制造产业园、23.40万平方米的智慧家庭产业园，正在加快建设2.60万平方米的智慧化物流产业园、约19.00万平方米的中国（绵阳）科技城连接器产业园。绵阳经开区推行"管委会＋公司"市场化开发模式，拥有主体信用等级为AA＋、年融资额达50.00亿元的平台公司鑫耀集团，并与科发集团、绵投集团、新投集团等投资平台合作紧密。绵阳经开区辖区有工商银行、农业银行、建设银行、中国银行等金融分支机构，可多方位满足企业融资需求。

绵阳经开区创新体系健全，创业环境优越。绵阳经开区积极服务于绵阳国家科技创新先行区建设，依托中国工程物理研究院等18家在绵国家级科研院所和"云上大学城""云上科技城"等科技创新平台，以长虹、利尔化学等龙头骨干企业为引领，持续强化创新主体培育。绵阳经开区享有给予科技城的中关村政策和国家自主创新示范区4项先行先试政策，以及省政府赋予科技城的19项省级经济管理权限便利。绵阳经开区辖区企业华丰科技成为绵阳市首家科创板上市企业，玖谊源生产的国产医用回旋加速器首台出口海外。绵阳经开区全面推行全员聘用制改革，管理体制精简、运行机制高效，干部服务意识全面提升。绵阳经开区持续优化营商环境，扎实推进"放管服"改革，实现1 500余项事项集中办理。绵阳经开区强化要素保障，完善项目服务机制，"无事不扰、有需必应"理念和建设项目专员制服务，得到企业高度赞扬。

绵阳经开区人居环境优美，产城人有机融合。绵阳母亲河涪江与安昌河、芙蓉溪在绵阳经开区内汇流，形成水域面积为5.00平方千米的三江湖，笔架山、金广山左右环抱湖面，形成山水相依的秀丽风景。以优美环境为依托，绵阳经开区积极推动城市道路提升改造和市政景观打造，城市绿化总面积达 248.00 万平方米，产城人有机融合的绵阳城南新城区正加快建设。绵阳经开区内现有高等院校 2 所、民办普通高中 1 所、公办义务教育学校 7 所；拥有绵阳市科技城医院、绵阳市中医医院经开分院等各级医疗机构 144 家（含医院、卫生服务中心、卫生站等）；城市消费娱乐场景日趋完善，汽车商贸圈集聚中高档汽车 4S 店 50 余家，涪滨路阅世格调街区、威尼斯格调街区和万达金街成为"网红"，食光哩、金楠天街、城南·vv 街等场景升级打造，汽车嘉年华、米粉节、音乐会等活动常态化举行，全区商贸服务业呈蓬勃发展之势。2019 年公布实施的《经开—小枧片区控制性详细规划》，将该片区定位为"先进制造业示范区、生态宜居新城"，未来绵阳经开区产业格局更大、商业环境更优、发展前景更加光明，一座产业兴旺、生态宜居、充满活力的现代化城市新区正加快形成。

当前，绵阳经开区将始终坚持以习近平新时代中国特色社会主义思想为指导，全面贯彻落实党的二十大和二十届二中、三中全会精神，以及习近平总书记对国家级经济技术开发区工作作出的重要指示精神，坚持稳中求进工作总基调，完整、准确、全面贯彻新发展理念，积极融入和服务构建新发展格局，全力以赴拼经济搞建设，因地制宜发展新质生产力，坚定不移推动高质量发展，稳中求进争突破、晋级升位创一流，加快建成千亿园区、奋力挺进全国 50 强，打造西部高质量发展示范区，全力助推中国科技城建设、全力助推绵阳加快建成省域经济副中心，为绘就中国式现代化万千气象的绵阳作出更大贡献！

反侵权盗版声明

电子工业出版社依法对本作品享有专有出版权。任何未经权利人书面许可，复制、销售或通过信息网络传播本作品的行为；歪曲、篡改、剽窃本作品的行为，均违反《中华人民共和国著作权法》，其行为人应承担相应的民事责任和行政责任，构成犯罪的，将被依法追究刑事责任。

为了维护市场秩序，保护权利人的合法权益，我社将依法查处和打击侵权盗版的单位和个人。欢迎社会各界人士积极举报侵权盗版行为，本社将奖励举报有功人员，并保证举报人的信息不被泄露。

举报电话：（010）88254396；（010）88258888

传　　真：（010）88254397

E-mail：　　dbgg@phei.com.cn

通信地址：北京市海淀区万寿路 173 信箱

电子工业出版社总编办公室

邮　　编：100036